AIを天職にする

機械学習エンジニア

になりたい人のための本

Team AI 代表 石井大輔

本書内容に関するお問い合わせについて

このたびは翔泳社の書籍をお買い上げいただき、誠にありがとうございます。弊社では、読者の皆様からのお問い合わせに適切に対応させていただくため、以下のガイドラインへのご協力をお願い致しております。下記項目をお読みいただき、手順に従ってお問い合わせください。

●ご質問される前に

弊社Webサイトの「正誤表」をご参照ください。これまでに判明した正誤や追加情報を掲載しています。

正誤表　https://www.shoeisha.co.jp/book/errata/

●ご質問方法

弊社Webサイトの「刊行物Q&A」をご利用ください。

刊行物Q&A　https://www.shoeisha.co.jp/book/qa/

インターネットをご利用でない場合は、FAXまたは郵便にて、下記“翔泳社 愛読者サービスセンター”までお問い合わせください。
電話でのご質問は、お受けしておりません。

●回答について

回答は、ご質問いただいた手段によってご返事申し上げます。ご質問の内容によっては、回答に数日ないしはそれ以上の期間を要する場合があります。

●ご質問に際してのご注意

本書の対象を越えるもの、記述個所を特定されないもの、また読者固有の環境に起因するご質問等にはお答えできませんので、予めご了承ください。

●郵便物送付先およびFAX番号

送付先住所　〒160-0006　東京都新宿区舟町5
FAX番号　03-5362-3818
宛先　（株）翔泳社 愛読者サービスセンター

※本書に記載されたURL等は予告なく変更される場合があります。
※本書の出版にあたっては正確な記述につとめましたが、著者や出版社のいずれも、本書の内容に対してなんらかの保証をするものではなく、内容やサンプルに基づくいかなる運用結果に関してもいっさいの責任を負いません。

※本書の内容は2018年9月15日現在の情報などに基づいています。

はじめに

本書は、これから機械学習エンジニア（以下、AIエンジニア。厳密には多少違う意味だが、一般的にはこのように呼ばれるため）を目指そうという方へのキャリアガイドです。

私たちTeam AIは、「100万人の機械学習コミュニティを東京に創る」を目標に、2016年7月に発足した機械学習研究会コミュニティです。本書執筆現在、東京を中心に5,000名を超えるAIエンジニアコミュニティを確立しています。曜日ごとに異なるテーマで研究会を実施し、そのすべてを無料で提供してきました。

また、研究会でスキルアップした後のキャリアアップ機会の提供として、運営母体である株式会社ジェニオにて、機械学習・データ分析スキルに特化した人材エージェント（正社員・新卒・フリーランス）事業、機械学習・深層学習に特化したAI開発事業も展開してきました。

AIエンジニアを志望する人の数は年々増加の一途をたどっており、毎月私たちが開催しているキャリアセミナーは常に満席状態です。

コミュニティメンバーは初心者から研究者まで幅広く、年齢も高校生からシニアまでいらっしゃいます。また、国籍が多様なのも特徴で、アジアから欧米まで、日本で働く外国人エンジニアが多く集まっています（全体の30％が外国籍のエンジニアです）。このように、幅広い人脈を通じて日本だけでなく世界中の情報が入ってくるのが私たちの強みです。

そんなTeam AIのメンバーをはじめとした、AIエンジニアおよびAIエンジニア志望者の方々との対話を通じて生まれたのが本書です。

本書には、5,000人に及ぶTeam AIのコミュニティメンバーの知見と、人材エージェントとしてのノウハウを出し惜しみせずに詰め込みました。

Java、Rubyなどのアプリケーションエンジニアから AIエンジニアへのキャリアチェンジを考えている方をメインの想定読者としていますが、AI業界に憧れている方、特に文系の方々にもわかりやすく楽しんで読んでもらえるようにしています。

また、将来AIの開発現場で働きたい高校生、大学生に向けたハンドブックとしても活用してもらえたらと考えています。

転職活動の実践編に関しては、エンジニア目線はもちろんのこと、採用企業の目線でも書くことを心がけました。

また、人材エージェントとして見てきた転職成功例・失敗例を具体的に表したので、AI・機械学習について勉強を始めたばかりの人から、実際に転職活動を始めてみたいという人まで、幅広く実践的な知識を得ていただけると思います。

読者の皆さんに伝えたいことは、本書で効率的に情報収集した後は、ひたすらハンズオンで手を動かして学習してほしいということです。

今、AIエンジニアの養成スクールはどこも活況です。聞くところによると左官やウェイターなど、まったく違う業種・業界からキャリアチェンジしてくる人もいるとか。

もちろん、こうしたスクールに通うこともひとつの選択肢ですが、いまやAI関連の書籍やツールは日々更新され、良いものがどんどん増えています。

たとえばオンライン講座だけでも、Progate、Aidemy、Kaggle、Coursera、Udemyなどと多様化していますから、自分に合うものを試していくことはいくらでも可能です。

自分の才能に限界を設けず、このようなツールを活用してスキルアップしてください。

AIエンジニアを目指す上では、大学1～2年レベルの数学の知識が必要となります。しかし、数学の体系的な知識を身に付けることはむしろ後からで良く、まずは機械学習の参考図書を用意して、そこにあるチュートリアルをコーディングするところから始めていくことをお勧めします。その中でわからない点が出てきたら、数学の本を逆引きすれば良いのです。

まずはコーディングからスタートし、足りない部分を勉強しながら補完していく。この繰り返しで、実践の現場で使えるスキルを身に付けていってください。

AIエンジニアを目指す方へのアドバイスとしては、「早めに仲間を見つける」ことです。未経験者がAIエンジニアとして働けるようになるまでには、平均1～2年の学習期間が必要だといわれています。ですから、モチベーション管理が非常に重要です。現在都内では、AI関連のイベントが月間100～150件程度開催されています。本書の中でも紹介しますが、これらの勉強会・研究会・イベントに定期的に顔を出して仲間を作ってください。ある程度長期戦になることを覚悟しつつ、離脱しないように、真面目に楽しく学ぶ。それがAIエンジニアになるための一番の近道だと思います。

私たちTeam AIが発足した2016年当時、東京のデータ分析業界で働く人はおよそ5,000人しかいないといわれていました。それがこの2年間で1.5〜2万人になり、2020年には6〜8万人になることが予想されています。

このように裾野が広がっていくことによって、より多くの方に向けてAI関連のビジネスの扉が開かれるでしょう。

AIは、産業革命や車の発明にたとえられる、人々の暮らしを大きく変える技術です。スタンフォード大学のアンドリュー・ウ教授は電気の発明にたとえています。現在もさまざまな議論を呼んでいますが、正しく使えば生活やビジネスの生産性を上げ、私たちの暮らしをより便利で、素晴らしいものにしてくれるでしょう。

その動きは既に生活の中に入り込んできています。本書に記載したように、がんの診断や自動運転など、あらゆる分野で実用化のための実験が進んでいます。2020年頃を機に、これらの技術は一気に生活の中に浸透してくると考えられています。

このように、機械学習やAIは、夢があって素晴らしい技術です。

本書を手にしたあなたにもぜひ、その技術の担い手として活躍していただけたら、著者としてこれほどうれしいことはありません。

本書の執筆にあたって、技術指導などでご協力いただいたオング優也さん、ジャイヤム・シャルマさん、小川雄太郎さん、伊藤博之さん、Team AIのコミュニティメンバー5,000人の皆様、Team AI Careerのスタッフチーム、そして伴走して執筆をサポートしてくれた青柳まさみさんと妻留衣に感謝致します。

2018年10月 Team AI代表・(株)ジェニオ代表取締役 石井 大輔

目次

第2部　実務編

第8章 海外移住も夢じゃない？各国のAIエンジニア事情

■会員特典データのご案内

本書の読者特典として、「お薦めAI企業100社」リストをご提供致します。
会員特典データは、以下のサイトからダウンロードして入手いただけます。

https://www.shoeisha.co.jp/book/present/9784798156712

●注意

※会員特典データのダウンロードには、SHOEISHA iD（翔泳社が運営する無料の会員制度）への会員登録が必要です。詳しくは、Webサイトをご覧ください。
※会員特典データに関する権利は著者および株式会社翔泳社が所有しています。許可なく配布したり、Webサイトに転載することはできません。
※会員特典データの提供は予告なく終了することがあります。あらかじめご了承ください。

第1部　仕事編

第1章

変化の激しいAI業界の全体像を知ろう

第3次AIブームは東京オリンピックに向けて盛り上がり続けており、世界中のアカデミアでAI技術は日進月歩で進化しています。変化の激しいAI業界で生き残るために、まずはAI業界の全体像を把握しましょう。
本章では、各国のAI事情、企業や大学の状況、キャリア事例を紹介します。

従来のエンジニアとAIエンジニアの違い

従来のエンジニアとAIエンジニアでは、年収、仕事の内容などにどのような違いがあるのか見てみましょう。

AIエンジニアとして活躍できるようになるまでの道筋

本書は、これからAIエンジニアを目指そうという方へのキャリアガイドです。今までAIに触れたことのない人、現在ビジネス職・アプリケーションエンジニアの人でも、努力することでAIエンジニアとして活躍できるようになるまでの道筋について、ここから全部で8章にわたって解説していきます。

次の章から、AI業界の最新職種ガイドやAI人材になるための具体的行動計画、勉強法Hack、転職活動のポイント、最近の業界事情、実務のノウハウ、そして海外転職の実際という流れで進んでいきます。

本書を手に取ったあなたはきっと、AIに何らかの興味があり、これからの自分のキャリアの選択肢のひとつとして考えていることと思います。

本題に入る前に考えてみましょう。従来のエンジニアとAIエンジニアの違いは何でしょうか。もっといえば、アプリケーションやインフラの開発と、AIの開発の違いは何だと思いますか。

AIエンジニアの年収相場は？

AI業界は、現在深刻な人材不足が課題になっています。そのため、好条件での採用が行われています。Team AIの調査では、AIエンジニアやデータサイエンティストの年収相場については、次のような統計があります。

- 日系企業：500～1,200万円
- 外資系企業：800～1,500万円

一見するとアプリケーションエンジニアの年収とそう変わらないようにも思えます。これは、AIエンジニアやデータサイエンティストが比較的新しい職種であり、社会的に認知度が低く、企業における既存の人事制度にまだうまく組み込まれていないことが原因でしょう。個人的には、天才的なAIエンジニアにはもっと特別待遇があってもいいように思うのですが、なかなかそうもいかないのが現状のようです。一般的なビジネス業界におけるAIの存在そのものがまだまだ黎明期で、AIエンジニアのポジションができて間もない(相場が決まっていない)ことが理由として挙げられます。また、マネージャーや部長よりも高い給与で人を雇うのが難しいため、高年収を与えられないという事情もありそうです。

ただし、一部の日本の大手企業の中には、経験を積んだリーダークラスの人材には数千万円の年収を提示するところもあります。また、AIブームを先導するアメリカのシリコンバレーでは数億円の年俸もめずらしくありません。残念ながら日本ではそこまでは高騰していませんが、AI活用が本格的な普及期を迎え、AIエンジニアやデータサイエンティストが生み出す価値が評価されていくとともに、夢がある年収のポジション数は増えていくでしょう。

取りやすい内定！　転職活動のしやすさが圧倒的に違う

転職を考える際、AIエンジニアが有利に進むことは確かです。2017年以降、東京都内ではAI関連の求人数が毎月10％ほど増えているというTeam AIの独自データがあります。また、2018年2月12日の『日経xTEC』の記事によると、日本の90%以上の企業がAI人材が足りないと回答しています。このように求人に対して供給がまったく追いついていないため、しばらくは応募者に有利な状況が続くでしょう。

実績を積み、ライトニングトークイベントで登壇したり、技術ブログで知名度を上げたりしてブランディングを行い、転職先に自分の実績を示して交渉し、年収アップを図るという形で、良い意味でのキャリアチェンジが可能です。

もちろん従来のエンジニア職の求人もなくなることはないでしょう。しかし、エンジニアの母数が圧倒的に違うため、ライバルの数が少なく、希望の企業への転職に成功しやすいという点は特筆できます。

●90％以上の企業がAI人材が足りないと回答

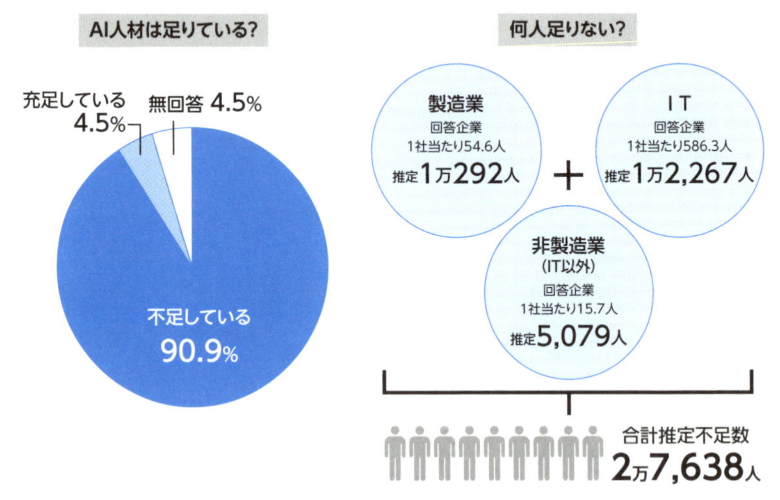

出典：『日経xTECH』（2018.2.12）「出遅れたニッポンAI、3タイプの人材確保を急げ」
https://tech.nikkeibp.co.jp/atcl/nxt/column/18/00132/020600001/

企業の根幹を担う重要職に！

仕事のやりがいも従来のエンジニアと一味違ったものがあります。

アプリケーションエンジニアは、一般的にはプロダクトのUXを構築し、ユーザーアクティビティなどを改善していくことを主な業務とします。これに対し、AIエンジニアはその裏側のデータのインプット・アウトプットのAIロジックを構築し、それによる「業務改善・効率化・自動化」といったビジネスインパクトを生み出します。

たとえばFacebook本社であるならば、20億人のユーザーアクティビティを分析して、サービスのボトルネックや新しい機能の効果を見いだし、課題を解決するところから仕事がスタートします。

データ分析という事実に基づいた企業の意思決定を支えるのがAIエンジニアです。FacebookのAIのおかげで、ヘイトスピーチやアダルトコンテンツ、フェイクニュースは自動的にブロックされており、ユーザーの体感は格段に良くなっています。Facebookのマーク・ザッカーバーグ社長は世界各地で2万種類の異なる仕様をエンジニアが勝手にABテストしていると公言しており、AIにより、どの仕様が成功したか自動分析し、すごいスピードで仮説検証を回して体験を最適化しています。

こういった見えない部分のデータ分析の活用を企業のDNAの中心に据えることで、UI/UXの真似だけでは追いつけない競合との圧倒的優位性を作れます。これがGoogle、Facebookがデータドリブン企業といわれるゆえんです。

Googleにおいても、検索サービスのUI/UXは、他社もある程度は真似できるでしょうが、10億行のコードともいわれる検索エンジンの巨大なAIアルゴリズムは、完全にブラックボックスで外からは見ることができず、検索業界世界トップの座を揺るぎないものにしています。

どちらが良い(優れている)ということではなく、AIエンジニアはアプリケーションエンジニアと二人三脚で良いサービスを作っていく、重要な役割を担うことになるでしょう。

知的好奇心を満たしてくれる環境

AI領域では、技術革新のスピードが非常に速いことも特徴的です。たとえばRubyやJavaなどの言語では、年に数回のアップデートが通常かと思いますが、機械学習では新しいアルゴリズムが世界中のアカデミアを中心に毎日のように更新されています。

これは、技術が好き、新しい知識を吸収することが好き、という人にとっては非常に知的好奇心を刺激される環境なのではないでしょうか。

今のところ、AIが導入されていない産業やビジネス分野がほとんどなので、「世界初の取り組み」に立ち会えるのも醍醐味といっていいでしょう。2年くらい前だと、まだ情報も少なく学ぶ手段がかなり限られていたのですが、ここ数年で学習手段やツールの使いやすさも格段に向上したので、まさしく今が始めどきといえます。

AIエンジニアの仕事

現場のAIエンジニアは、どのように1日を過ごしているのでしょうか。
例として、とある医療系AI企業の現場の様子をヒアリングしました。

AIエンジニアの1日のスケジュール

まずはあるAIエンジニアチームのスケジュールを見てみましょう。

月曜日

- 9:00 週定例会：CTO＆開発マネージャーより／1週間の開発予定決め／新たなプロジェクトの説明／担当割り振りの確認／不明点がないかQ&A
- 10:00 朝会：マネージャー＆現場エンジニアチーム／1日のゴール設定と必要な準備の洗い出し／データチームから新しいデータをもらう
- 11:00-19:00：コーディング／プロジェクトの初期ではオープンソースのモデルを使い、軽く使えるモデルをテストしてみる／マネージャーが重複がないようにプロジェクトを分割して割り振り、問題や遅延が起きたら一緒につぶしていく（担当の重複があると遅延が他のメンバーにも広がるため、それは避ける）
- 16:00：チームミーティング／お互いに抱えている課題を議論して、問題点をつぶしていく／データチームにほしいデータのリクエスト伝達
- 19:00 帰宅：AI企業は考える作業が多く、頭が疲れるので終業は早め

火曜日

- 9:00 朝会
- 10:00-19:00：昨日は出来合いのオープンソースだったが、今日から個別にモデル開発を進める。ツールはSlack、GitHub、Redmineを使用
- 16:00：チームミーティング／マネージャーから今週のお薦めAI論文リストが渡される。メンバーからも自発的に最新技術情報がシェアされ、さらに精度の高いモデルやコーディングのショートカットなど、生産性を共同で高める努力がなされる
- 19:00 帰宅

水曜日

- 9:00 朝会：今日もミーティング以外はコーディング。昨日から作り始めた個別モデルは出来上がった部分からデータをインプットしてテストしてみる
- 10:00-12:00：クライアントが来社しミーティング／開発進捗確認／クライアントのニーズの変化確認／モデル開発上の課題の共有／ハードウェア・クラウドなどデプロイ上の課題を共有／追加データをクライアントからもらう必要があれば確認
- 12:00：CTO&マネージャーの1on1ミーティング／チームとしての進捗確認／クライアントニーズへの対応方針決定／データ発注の再確認
- 16:00：チームミーティング／昨日渡されたAI論文リストの感想／次にリサーチしたい技術領域の議論
- 19:00 帰宅：一部メンバーはNVIDIAのピッチイベントへ

木曜日

- 9:00-12:00：一部のスタッフが家庭の事情でリモートワークを希望していたのでオフィスの人員は半分くらい
- 12:00：朝会をずらしてランチ会に。引き続き出来上がった個別モデルをテストにかけるが、今日からクライアントの生データを使用してみる
- 15:00：福岡のクライアントとビデオ会議。開発進捗のマイルストーン確認／一部個人情報がらみでデータ取得が遅れていたため、その影響と対策を報告
- 17:00：チームミーティング／スペックの高いPCがもう2台必要との意見／GPUも追加購入の要望／マネージャーからCTOに要望を上げることになった
- 19:00 帰宅

金曜日

- 9:00：週のまとめミーティング／CTO&マネージャーより計画に対しての実進捗振り返り／遅れていればロードマップの引き直し／クライアントとデータチームへの要望取りまとめ／次週の方針決定
- 10:00-19:00：個別モデルへの生データ投入で問題が起きた部分を検証し、大きな失敗であれば他のモデルを試す
- 16:00：フレックスで帰るメンバーもちらほら
- 17:00：CTO&マネージャーミーティング／インターン受入体制の決定／ベトナムのAI開発会社への一部アウトソーシングの作戦会議／足りない人的リソースの

　洗い出し
- 19:00 帰宅

アプリケーションエンジニアとの一番の違いは、仕事のゴールです。通常、「開発」といえば、何かのプロダクトや機能の開発をイメージすることが多いと思います。けれども、機械学習の場合は「精度を上げ、望むレベルのアウトプットが出力できるロジックを完成させる」のがゴールになります。構築、アウトプット評価、改善の繰り返しが毎日続きます。UI/UXの設計図を先に作って、それに沿って着々とシステムを作っていく職人的な仕事よりもアクティブな業務となります。最新の英語論文を読んで生産性を上げるのも重要な仕事です。

新人からベテランまで多様な人材

受託などのプロジェクトの場合は月に数回クライアントとのミーティングがあり、クライアントの業務改善のために何を開発したいか定義したり、課題の洗い出しを行ったりするなど、ビジネスそのもののコンサルティング的な立ち位置での業務も発生します。

ちなみに今回ヒアリングを行った会社では、CTOを中心に、主にAIエンジニアチームとデータチームで役割分担をしてプロジェクトを進めているそうです。その他にも、タグ付けやアルゴリズムテストを行う補佐的なエンジニア（大学生などをアルバイトで雇うことも）もいるそうです。

AIエンジニアチームは、1〜2年程度の経験の浅いエンジニアからベテランエンジニアまで多様です。生産性を上げるためにプロジェクトを分割し分散開発するのが一般的です。データチームは、インプットするデータの取得、前処理、ラベル付けなどを担当します。また、タグ付けなどを外注できる専門会社や委託のAI開発会社も国内外に点在しており、それらのパートナー企業とも上手に協業しながら、プロジェクトを進めていきます。たとえばベトナムにも開発拠点がある日本のオフショア会社フランジアやエボラブルアジアなどの日系オフショア開発企業は、最近ではベトナム人のPythonエンジニアを囲い込んでいることでも有名です。

AIエンジニアの将来性は？どんなキャリアプランを描ける？

AIエンジニアの将来性は非常に明るいです。そうした状況の中で、どのようなキャリアプランを描くことができるか見てみましょう。

AIエンジニアの将来性は非常に明るい

これからのキャリアを考える上で将来性が気になる人も多いでしょう。一言で答えるなら、AIエンジニアの将来性は非常に明るいです。

現在AIをビジネスに導入している企業は、一部のベンチャー企業を除けば大企業が大半です。中小規模のIT企業は予算的に本格的なAIの導入に対するハードルが高く、非IT企業に至ってはまだまだAIを自社のビジネスに本気で活用するという概念そのものが浸透していません。

しかし、この2年ほど、さまざまな実験プロジェクトが実施されており、その取り組みは今後も続いていくことが予想されます。「成功例・失敗例を通じて、医療画像分析のように、AIを使うとほぼ必ず業務効率が上がる領域」が見えてきており、まずはIT企業全体にAIが浸透し、その後、非IT企業にもその波が広がっていくと考えられています。AIの技術自体も日進月歩で発展しており、これから2025年くらいまで、業界が急速に成長していくのは間違いありません。

慢性的な人手不足が起きるのは必然

そのような状況の中で、今よりもさらに慢性的な人材不足が発生するのは必至です。AIエンジニアとしてまず2～3年キャリアを積めば、企業で働くのはもちろん、起業・フリーランスへの道も拓けてきます。

今、多くの企業がAIを使って何かをやりたいと考えています。受託企業にAIサービスの構築を依頼するまでの予算はないが、AIエンジニアやデータサイエンティストに自社に数週間～数カ月常駐してもらい、AIを活用してデータ分析を行いたいというニーズを持つ企業は少なくありません。

AIに限らず、ブロックチェーンや量子コンピュータなど先端技術に関しては、黎明期には必ずそれを熟知した人材が不足します。そのため、比較的独立や起業がしやすいです。社会人だけでなく学生にとってもチャンスです。AI関連に関しては、卒業を待たずに大学生が起業する事例も増えています。

私たちTeam AIのコミュニティメンバーの中でも、1人月60万円でフリーランスエンジニアとして仕事を始め、1年後には月150〜200万円になっていく例も多数見られます。適切な営業と良い単価にこだわることで魅力的な案件に巡り合える可能性も増えていきます。

働き方としては、クライアント企業に常駐して開発するケースから、要件定義だけ一緒に行い、開発は持ち帰りで行うケースまでさまざまです。フリーランスとして働くためには、開発スキル以外に自分を上手に売り込む営業スキルや自分マネジメントスキルも必要となりますが、市場の需要は非常に多いのでフリーランスライフをエンジョイできます。なお、富士キメラ総研「2016 人工知能ビジネス総調査」によると、正社員・フリーランスともに、AI業界の市場規模は2015年の1,500億円から2030年には2.1兆円へと急激に伸びるといわれており、雇用の需要は伸び続けるため、スキルさえ身に付ければ、日本で最も失業しにくい業界といえるでしょう。

AIエンジニアなら海外転職もできる

海外転職もAIだと現実的です。AIの現場では、アプリケーションエンジニアに比べ必然的に英語に触れる機会も多く、英語を学んでおくと有利です。その延長で、海外企業への転職を検討するのも楽しいでしょう。第8章でも触れますが、シリコンバレーは日本以上に圧倒的に人手不足です。現地のミートアップイベントで勢いのあるベンチャー企業と出会い、カジュアルにその日のうちに参画が決まることも少なくありません。

まだまだ東南アジアなどではIT産業自体が黎明期にあるため、一般的にAI職を探すならアメリカ、フランス、イギリス、ドイツ、中国など欧米や先進国がメインになりますが、十分魅力的なキャリアプランを描けると考えています。

AI世界勢力図 ―各国のAI事情は？―

世界ではAIにどのように取り組んでいるのでしょうか。ここからは少しだけ、AI技術をリードするアメリカをはじめ、日本、中国、ヨーロッパの現状を概観します。それぞれの地域の転職事情については、第8章でも述べますので、あわせて参考にしてください。

アメリカ～技術、資金、人材が集中するAI発展の中心地～

AIに関しては、技術、資金、人材がアメリカに一極集中しているのが現状です。

Google、Facebook、Microsoft、IBM、Amazonといった大手企業がAIの研究開発を独占し、場合によっては億単位の報酬で世界中から人材を集めています。また、これらの企業の研究所が有名大学の研究者を招聘（しょうへい）するなど、民間企業と大学との間で活発な人材交流があるという特徴もあります。

大学でのAI研究についても世界のトップを走っています。教授、施設、論文数などからコンピュータサイエンス関連施設のランキングを行うCS Rankings（Computer Science Rankings）では、AI分野に強い大学（2018年版）のトップ20のうち約7割を占めるのがアメリカの大学です。特に、スタンフォード大学やカリフォルニア大学など西海岸に位置する大学の卒業生は、シリコンバレーの企業に採用されることが多く、優秀な学生が多く集まっています。

スタンフォード大学やMITなどの大学は、オープンイノベーションによりAI関連の講義を世界に向けて無料で発信しています。また、AI分野の論文がすぐに公開され、関連するコードもGitHub等で利用できるなど、AI関連の情報発信もアメリカが中心になっているのが現状です。

オバマ政権ではIT政策にAIも含まれており、AIへの取り組みを政府が大きく後押ししていました。トランプ政権でもAI技術で主導的地位を維持していくことを表明し、約5,000億円の予算を確保しています。AIについては研究開発や活用の面でアメリカ主導の状況が今後も続くでしょう。

●CSRankingsによるAI分野に強い大学のランキング(2018年)

順位	大　学	順位	大　学
1	カーネギーメロン大学	11	ミシガン大学
2	精華大学	12	メリーランド大学カレッジパーク校
3	北京大学	13	シンガポール国立大学
4	スタンフォード大学	14	マサチューセッツ工科大学(MIT)
5	コーネル大学	15	テキサス大学オースティン校
6	中国科学院	16	イリノイ大学アーバナ・シャンペーン校
7	カリフォルニア大学バークレー校	17	南カリフォルニア大学
8	ジョージア工科大学	18	ノースイースタン大学
9	イスラエル工科大学	19	エディンバラ大学
10	南洋理工大学	20	カリフォルニア大学ロサンゼルス校

出典：http://csrankings.org/#/fromyear/2016/toyear/2018/index?ai&vision&mlmining&nlp&ir&world

日本～アジアの中心を担うためのAI人材育成が課題～

共同通信社の2018年2月24日の記事によると、日本は、AIの研究開発や活用に関してアメリカに大きく差を付けられている状況です。とはいえ、2018年度のAI関連予算は770億円と前年度より約200億円増え、2年前と比べると倍増しています。

政府が策定した「統合イノベーション戦略」では特に取り組みを強化すべき主要分野としてAI技術を挙げ、2020年には約5万人不足すると試算されているAI人材について、2025年までに年間数万人規模で育成することを明記しています。また、2017年に策定された「人工知能技術戦略」では、研究開発から社会実装まで一貫した取り組みを加速させ、AI技術の研究開発について民間投資を促進する戦略を示しています。文部科学省が主要企業による投資から算出した民間投資額は6,000億円に上りますが、今後はさらに投資額が増えていくと思われます。規模は小さいものの、日本でもAI分野が大いに盛り上がっているのは事実です。

●日米中のAI官民投資（年間）

	政府予算	民間投資
日本	770億円	6,000億円以上
アメリカ	5,000億円	7兆円以上
中国	4,500億円	6,000億円以上

米中と日本の予算の差は大きく広がっている

※日本の政府予算は2018年度、内閣府集計。その他は把握できる最新のデータを文科省が集計

出典：共同通信社「2018.2.24記事」より一部改変
https://this.kiji.is/340050059318051937

●AI関連予算額の推移

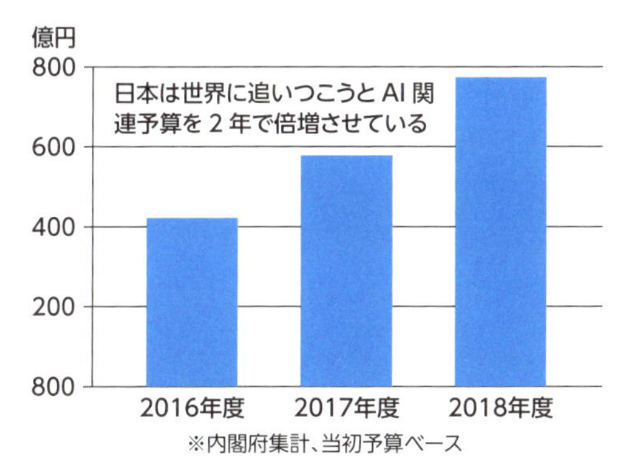

出典：共同通信社「2018.2.24記事」より一部改変
URL https://this.kiji.is/340050059318051937

日本がアメリカに追いつき、追い抜くのは、現実的に見ると非常に難しいでしょう。日本がアメリカと同じ路線をたどって直接競合するのは得策とはいえません。

東京都の2015年度のGDPは104兆3,000億円（8,686億ドル）になり、世界の主要国と比べるとメキシコに次いで16位に入ります。つまり、東京の1都市だけで国家レベルの巨大な市場がそこに存在するということです。

東京は治安が良く、アニメや漫画、和食などの日本ブームもあることから、外国人から見ると魅力的で働きやすい場所であると考えられます。また、2020年の東京オリンピックに備え、観光や交通をはじめ、さまざまな産業でAIを活用しようという機運も高まっています。アメリカでは、トランプ政権発足後、専門職ビザ申請の却下数が増大し、外国人雇用の機会が削減されつつあります。日本は国内での人材育成はもとより、アメリカから締め出された人材やアジア地域に眠る人材を発掘し、アジアでのAI研究開発・活用の中心を担うべきでしょう。

東京の2015年度のGDP

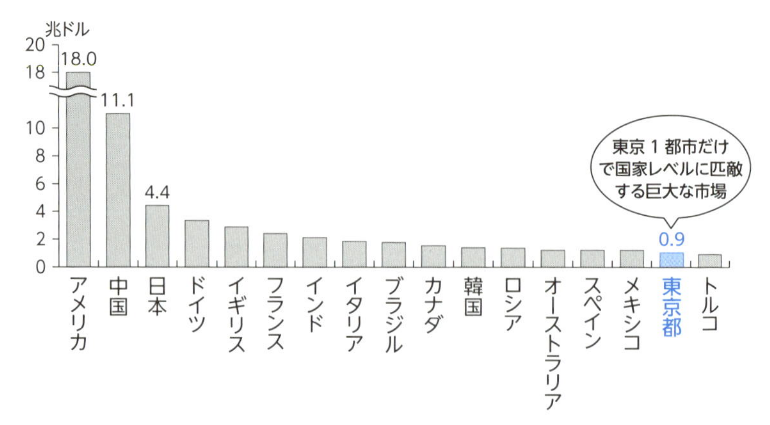

出典：「都民経済計算（都内総生産等）平成27年度年報」より一部改変
http://www.metro.tokyo.jp/tosei/hodohappyo/press/2018/03/28/18.html

中国～政府がAIの研究開発を大きく後押し～

AIに関して大きく躍進しているのが中国です。イノベーション国家を実現し、デジタル経済を推進するために、国全体で積極的に資金投入、人材育成、企業支援などを行っています。

アメリカの調査会社CBインサイツによると、2017年に世界でスタートアップ企業に行われた投資のうち、中国は投資件数ではわずか9％に過ぎませんが、投資額ではアメリカの38％を抜いて48％となっています。また、特許の公開件数についても、2017年に出願されたAIに関する特許は中国では4万件あり、6万件のアメリカを激しく追い上げています。

大学での研究開発も盛んで、論文発表にも報奨金が出されます。そのためか、2017年にアメリカ人工知能学会に投稿された論文数は、アメリカの30％を上回り、中国が31％を占めています。

いまやAI大国といえる中国ですが、一党体制であることから自国の統括のためにAIを積極的に活用しているという側面があります。中国ではインターネットを検閲・規制するシステムがあり、海外とは遮断されているといっても良い状態です。閉じたネットワーク上に人口13億人分の膨大な個人情報があり、これらを活用できる強みがあります。防犯カメラの画像分析技術は高く、投資額も増大しています。また、言論統制のために、自然言語処理により反政府的な発言を検知するといったことも行っています。

●AI特許でアメリカを猛追する中国と横ばいの日本

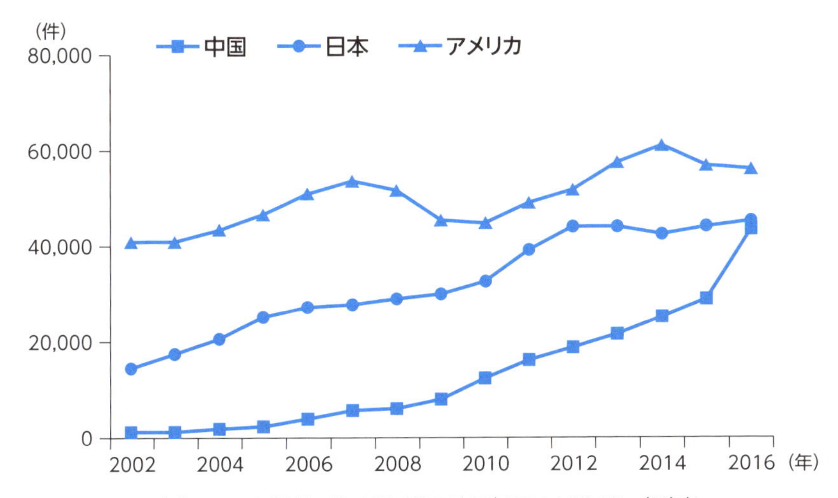

出典：JETRO「官民一体でAIに賭ける中国」(2018.4.27)より一部改変
https://www.jetro.go.jp/biz/areareports/2018/4b74a7b2404cd25c.html

中国といえば世界の工場であり、最近では広東省を中心にIoTやロボティクスの勢いが増しています。AIとこれらの生産地がからんだイノベーションが起これば、今後は中国発のロボットが世界で増えていく可能性もあります。

なお、中国の具体的なAI企業については第8章で詳しく解説します。

●アメリカ人工知能学会に投稿された論文数

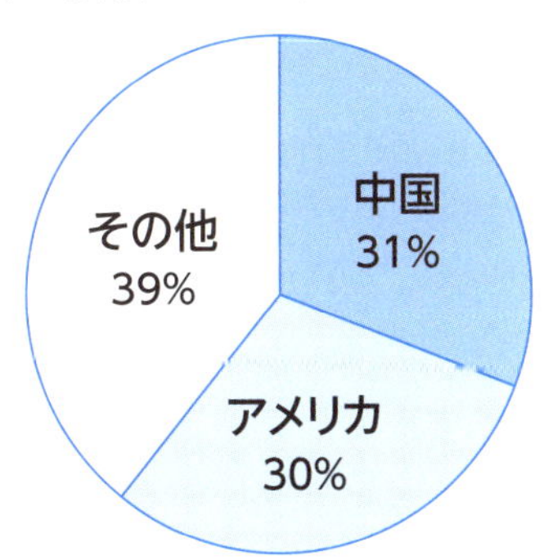

出典：「第31回アメリカ人工知能学会報告」
https://www.jst.go.jp/crds/pdf/2016/FU/US20170321.pdf

ヨーロッパ～日本と同様にアメリカ、中国を追う～

ヨーロッパでもAIが盛り上がっていますが、日本と同様に、アメリカ、中国に大きく差を付けられており、人材育成、投資拡大の必要性が叫ばれています。アメリカでは、大手IT企業が有名大学から優秀な人材を採用するという図式が出来上がっていますが、ヨーロッパは大手IT企業もAIに秀でた大学も少ないため、人材確保に苦慮しているのが現状です。

EUの政策執行機関である欧州委員会は、AIの研究開発促進のために関連研究開発への投資拡大を図り、産業界と教育機関の連携を支援し、AI関連人材をEUに惹きつけること、AI開発に関する倫理ガイドラインを作成することなどを含む、AIに関する方針を発表しています。

イギリスでは、オックスフォード、ケンブリッジなどの大学がGoogle DeepMindといったAI企業と密接な関係を作り、高精度な読唇術が可能なAIを開発するなどの成果を上げています。また、イギリスは、AIやロボットによる仕事の自動化などを実施することで、2035年までに国内経済における粗付加価値（GVA）を2.5％から3.9%に増加させること、AI研究開発強化のためにAI人材育成、研究の推進と適用、需要と供給の創出などの施策に注力していくと表明しています。ロンドンには欧州経済の中心となる金融街、シティがあるため、AI導入がここから広がっていくことも考えられるでしょう。

フランスでは、マクロン大統領がAI技術で世界をリードする国家になることを宣言。政府として企業のAI研究所の積極的な誘致を支援することで、地元の研究者の雇用機会を生み、投資を拡大していく方針を示しています。また、AI研究に必要となる膨大なデータを提供する用意を進めるとともに、AIの実証実験を行うために規制や関連法規の調整を行っていく予定です。

ドイツでは、第4次産業革命ともいわれる「インダストリー4.0」を国家戦略として進めていますが、その中でAIを重要な要素技術のひとつとして位置付けています。その文脈で、シーメンスやダイムラー・ベンツなどの製造業の企業が工場の効率化などを目的にAIやロボットの活用を始めています。

なお、ヨーロッパの具体的なAI企業については第8章で詳しく解説します。

大手IT企業、ベンチャー企業、大学の状況は？

大手IT企業、ベンチャー企業、大学は、AIにどのように取り組んでいるのでしょうか。その取り組みについて見てみましょう。

大手IT企業～自社AIエンジンのライブラリやAPIをビジネスに～

大手IT企業の多くは、自社でAIエンジンを開発し、それをクライアントのビジネスに活用するといった事業を行っています。たとえば、富士通の独自AIである「Zinrai」は「Human Centric AI」を打ち出し、他のAIと差別化をしています。AIの競争は激しく、自社製クラウドとの連携により容易にAI活用ができることなどが差別化のポイントになっています。

海外では、自社で開発した無償ライブラリや低価格のAPIを提供する動きが見られます。日本ではエンタープライズ企業とのビジネスが多数を占めていますが、スタートアップ企業やベンチャー企業と提携し、自社では開発できないAI技術との連携によりビジネスを創出しようという動きも見られます。

前述の通り、アメリカの大手IT企業は、潤沢な研究資金を武器に、積極的に優秀な人材を採用しています。日本では、中小企業よりも有利であるものの、分野によっては人材不足が深刻化しています。

アメリカでは、競合する大手IT企業が提携し、Partnership on AIという非営利研究団体を立ち上げました。AIを実社会に展開する上でAI技術やデータをどう利用するかを共同で研究することが目的です。日本では直接競合する大手企業がこのような形で提携することはなく、分析対象のデータ量を増やすことができないなどの問題も抱えています。

●富士通の独自AI「Zinrai」

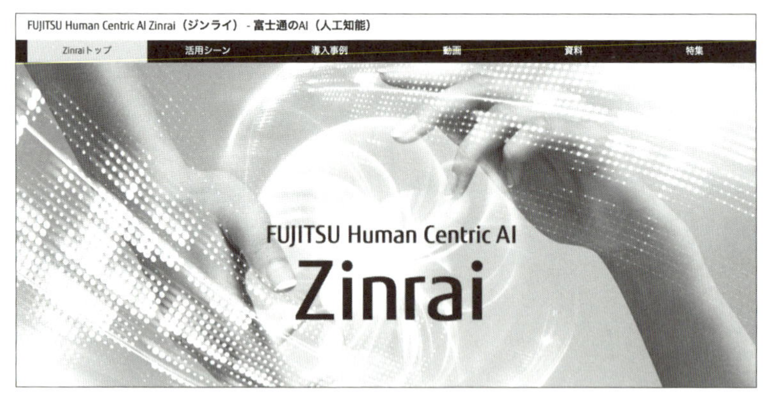

http://www.fujitsu.com/jp/solutions/business-technology/ai/ai-zinrai/

ベンチャー・スタートアップ企業〜AI分野への投資が拡大〜

AI分野への投資が拡大しており、ベンチャー・スタートアップ企業の資金調達環境はとても良い状態です。エンジェル投資家、VC（Venture Capital）、CVC（Corporate VC）により積極的に投資が行われており、なかにはPER（株価収益率）100倍以上でも投資が集まる場合があります。

一般財団法人ベンチャーエンタープライズセンターの調査によると、2018年度にVCやCVCによる日本国内向けの投資額は1,883億円に上り、2017年度から26.5％増え、過去5年で最多になっていることがわかりました。なかでもAI分野への投資が増えており、たとえば、トヨタ自動車はディープラーニング（深層学習）のフレームワークである「Chainer」を開発するPreferred Networksに100億円以上を出資しています。

2017年は、自社で独自のAIエンジンを開発し、その実装を企業から受託する形で大きく成長するスタートアップ企業が多く見受けられました。前述のPreferred Networks、画像認識エンジンなどを開発するPKSHA Technologyなどがその代表です。画像解析による医療診断支援技術などを開発するエルピクセルも注目を集めています。AI使用の会計ソフトfreeeやマッチングアプリPairsなど、B2B、B2Cで利用料を課金するAIアプリケーションを開発するスタートアップ企業も増えています。

大学～産学連携によるAI活用を推進～

AI分野に強い大学のランキングでは、日本では29位に東京大学がランクインしているのみです。2017年にアメリカ人工知能学会に投稿された論文数も日本は6位に留まります。

大学の研究室や指導者、学生の数は少なく、今後いかに増やしていくかが大きな課題です。研究者の減少は、第2次AIブームが終わりを迎えた1990年代から、第3次AIブームが本格化する2010年代半ばまで「冬の時代」が長く、研究資金のサポートが薄い日本の大学では仕方のないことです。最近では、政府の後押しもあり、2018年3月の時点ではAI関連の研究室が300まで増えています。

また、産学連携によるAI活用が推進され、事例も多く見られます。科学技術会議では、国際競争力を向上するために、大学が積極的に民間投資を呼び込むように首相から指示があり、民間投資に積極的な大学に国の資金を重点的に配分する制度が導入される予定です。

column　転職するなら、自社サービス型？　受託型？

AIサービスを生業にする企業は、大きく自社サービス型と受託型に分類できます。

自社サービス型は、AIサービスもしくはAIを搭載したアプリケーションを独自に構築し、企業や個人に課金することで利益を生み出す企業です。自社サービス型の企業に就職した場合、自社のソリューションに関連する技術分野を深掘りし、その分野の専門家になれるといったメリットがあります。また、自社のロードマップに沿って開発を行うため、厳しい納期はありません。じっくりと1つの分野に取り組みたい人に向いています。

受託型は、顧客から依頼を受け、顧客の要望するAIを構築したりデータ分析を納品したりします。製造分野のプロジェクトに3カ月携わった後、金融分野のプロジェクトに参画するなど、さまざまな産業に関わることができるため、知識と経験の幅が短期間で広がりやすいです。一方で、顧客からの要望にはできる限り応じなければならず、時には非現実的な納期やアウトプットを求められるなど、理不尽な思いをすることもあります。

自社サービスと受託はそれぞれメリット・デメリットがあるため、キャリアとしてこの2つを行ったり来たりするのもひとつのあり方です。

AI/IoTで産業課題を解決し、教育分野に還元したい

大杉慎平

（聞き手：Team AI）

東京大学工学部卒、同大学院学際情報学府修士在学中。NPO法人Teach For Japan設立に人事・採用責任者として参画後、マッキンゼー・アンド・カンパニーにて製造・インフラ産業を対象とした技術戦略支援、事業競争力強化に従事。現在東京大学大学院にて、AIを用いた再配送削減プロジェクトや、問題解決型の初等プログラミング教育開発を行う。
東大人工知能開発団体HAIT講師、Co Learning Space みらい研究所理事、グロービス・マネジメント・スクール講師。

独学で機械学習を学ぶ

── 機械学習やAIに関する知識は、ご自身で学ばれたんですか？

独学です。

── もともとエンジニア的なスキルは持っていらした？

多分、ほとんどないと思います。もともとちょっと変なんですけど、東大の理科II類に生物系で入って、その後、工学部建築学科に行ってずっと建築のデザインとかやっていて。でも、建築業界に進みたいという気持ちがなくなって、1年間アルバイト生活をして、そのとき受かっていた建築の大学院を辞退して、学際情報学府の修士を受けました。なので、その時点でプログラミングはもう、ほんの少ししかできないですね（笑）。

修士の間も教育系のNPOの立ち上げ

をやっていました。「Teach For Japan」というNPOです。アメリカで有名な「Teach For America」の日本版の立ち上げですね。就職は、まったくノーエンジニアな会社であるマッキンゼーに行きました。だからプログラミングはずっと趣味のひとつとしてやっていました。

―― 独学でプログラミングを学ばれたとのことですが、具体的にどういうふうに進めたんですか?

Team AIの勉強会のような機械学習に関する集まりにはひたすら顔を出しました。あと本も大量に買って。40冊くらいかな？　機械学習に関する本だと、多分そのうちの5、6冊ぐらいなんですけど。

その上でコミュニティに顔を出して、作るものを掲げて、調べながら実際に作る。この連続でした。

多分、エンジニアの方だったら仕事に直結しているので勉強は続くと思うのですが、まったく仕事で使わないのに独学で習得するのには、結構なモチベーションが必要でした。

―― モチベーションを持続させるために何かしたことはありますか?

本を読んで実際にプログラミングをしてみても、「わかった気がする」で終わっちゃうんです。だから無理やり自分を「やらざるを得ない」環境に置きました。

僕の場合は、セブ島でプログラミングを学ぶカリキュラムに取りあえず自分をぶっこんで(笑)。1カ月間ぐらいそこでひたすらiOSのアプリを作ったりしましたね。

あとは大学院への入学を決めたこともちろんそのひとつです。取りあえずやらざるを得ない状況にする。なぜでしょうね。僕もわからないんですよね。好きなんじゃないかな、やっぱり(笑)。

物流業界に向けたプロジェクト「NexGen Logistics」

―― 現在取り組んでいる物流業界に向けたプロジェクト「NexGen Logistics」について伺ってもいいでしょうか。

スマートメーターから得られる電力データを基に、配達先が在宅しているかどうかを予測する。それによって不在の再配達を減らすというプロジェクトですね。

「AI/IoTを使って産業課題を解決し、その解決手法そのものを教育として提供したい」というテーマがあり、このプロジェクトはその中のひとつです。物流業界にコンサルタントとして関わる中で、価格圧力が非常に厳しい環境で、相当の改革・改善に取り組んでこられた業界だという認識を持ちました。実際に従業員さんとか、本当にひたすら全力疾走して配達していらっしゃるんです。非常に苦しい中で工夫を積み上げ、何とか生き残ろうとするという強い企業努力を感じました。

けれども、ここからさらなる最適化を図るのは至難の業だろうと感じました。そんなとき、AIを使ったら改善できる幅はどの程度のものだろうと考えたのがこのプロジェクトの始まりです。

ふたを開けてみてわかったことですが、現在、小口配送全体の2割ぐらいが再配達、再配送なんです(年間コストは数千億円単位)。僕も利用者の一人ですが、皆さんも実感あるんじゃないでしょうか……。「もう少し遅く来てくれれば受け取れたのに」とか、「今、近くにいるんだったらすぐ届けてほしい」とか。逆に時間帯指定をした場合は、その時間帯だけ家で待っていなければいけないとか、結構、満たされていない願いがあるなと。もちろん配達するドライバーさんの側もかなり厳しい状況を強いられています。

――その問題を、AIで解決すると。

はい。データさえ取れれば、最適化できるんです。2020年から東京電力管内はほぼすべてでスマートメーターが導入され、そして2024年までには全国で導入されると政府が発表しています。

これにより取得できる電力消費の様子から、各家の在・不在を、現在だけでなく将来にわたって予測することができるのではないか。そしてこれを物流に連携すれば、不在かどうかがわかるのではないかと思いました。

そうした仮説を立ててみて実際にプロトタイプを作って学習させたら、9割ぐらいの精度で30分後ぐらいまでの「在宅か不在か」を予想できることがわかったんです。

この情報があれば、配達業者は、不在が予測される配達先には行かなくて済み、不在による再配達の発生を回避することが可能になります。

もちろん、電力データも在・不在も個人情報ですから、企業の配達員や人が知るのではなくて、システムだけが用いるようにします。AmazonやGoogleが人々の好みを知っているのと同じですが、それでも、まだ使ったこともなく便利かもわからない以上、「何それ、怖い!」という反応は当然だと思います。利用者にとっての便益の明確化や、利用許諾といったルールなど、慎重な検討が必要でしょうね。

――これからどんなフェーズに進んでいくんでしょうか。

今は、大学内での配送実験に着手しています。この実験では、スマートメーターのデータ利用で重要な利用者のプライバシーを担保しつつ、不在配送を大幅に減らすことができる手法を提案しています。物流企業の方と一緒にやっていくのがその次のフェーズで、配達業務のオペレーションに実際に落とし込んでいきます。細かな部分の調整だったり、既存システムとの整合が必要になったりします。

日本で、このスマートメーターのデータを本用途に使えるかは、有用性に対する社会認識がどれだけ広まるかと、大企業・行政の意向によるところが大きいです。多分、そこに至るまでに何年もかかると思うんですが、その間に他国が先行するかもしれませんね。アメリカやイギリスには、既に兆候がありますし。

このプロジェクトについては、SNS上に日本語で少しつぶやいただけなのに、日系企業からコンタクトをいただきました。さらに、いったいどこで聞きつけたのかアメリカの著名なファンドや中国のテック系ファンドの方が話を聞きに来られたりして非常にビックリしました。

物流業界における取り組みはOne of them

── 今所属していらっしゃる研究室は東京大学大学院の学際情報学府、越塚研究室。専攻は何ですか？

コンピュータ・アーキテクチャ、特にIoTの研究室なので、何でしょうね。何でも屋です(笑)。

── 越塚登先生は、IoT分野における研究で多大な功績を残していらっしゃる方ですよね。

そうですね。日本のIoTの創始者の一人ですね。IoTという言葉が成り立つ何十年も前からこの構想自体を生んできた方たちの一人ですね。

今も実際、教育や産業課題の解決に取り組んでいらっしゃる。少しわかりにくいんですが、コースを英語名にすると「Applied Computer Science」と表記します。つまり、コンピュータの応用なんですよね。元は「コンピュータシステムそのものを作る」から始まり、今は、「コンピュータを使っていかに世の中の課題を解決するか」というところまで専門的に取り組む。そんな感じです。

── これから研究室で取り組んでい

くこととしては、このプロジェクトがメインになっていくんですか。

実はOne of them、という感じですね。他の業界にどんどん展開していこうとしています。最終的には教育分野への還元を考えています。「問題解決」って、すごく大事なことなのに、どうして義務教育課程の中で教えないんだろうという疑問を常々感じていて。僕自身、問題解決というものを、コンサルになってはじめてちゃんと勉強できたなと思っているんです。

日本のプログラミング教育の指導要綱はまだ完成していません。小学生に対しては2020年から義務化されますが、それを作る手助けになるような研究にできたらということで、教材開発などをやっていくことになると思います。

「問題解決」の授業を義務教育課程に

── プログラミング教育の領域で「問題解決」の授業が始まるというのは面白いですね。

多分、プログラミングが面白いのは、人の問題解決力を養うポテンシャルがあるからじゃないかと思っています。もちろん教材開発次第なんですけれども。

プログラミングではなくて、国語、算数、理科、社会、図工、何でもいいんですけど、要は自分が直面する何か困ったこととか、隣の花子ちゃんが抱えているトラブルや問題を解決する手法はどこでも勉強しないんですよね。僕はそれはおかしいなと思っていて。手法があれば、みんなが解決できるようになる。

イギリスなどでは実際に実施されていますが、隣に座っている子が何に困っているのかを聞き出して、それを実際にプログラミングでどう実現するのか、という授業を小学生の子たちが義務教育の中で受けているんですよね。

── 日本にもそういった教育は根付いていくでしょうか?

もともと日本人は課題解決が大好きなんですよ。だからきっと相性は良いと思います。なので、そういう取り組みを導入できるように、今、別のプロジェクトとして取り組んでいます。

── 私の完全な思い込みかもしれないんですけれど、コンサルの方って、自分で手を動かして何かやることってあまりしないイメージがありました。失礼ながら問題解決の手法を頭の中でいろいろ構築していく点では群を抜いていると思うんですけど、実際にそれをプログラミングで解決していこうというところは、領域的に包括されている印象はあまりなかったです。

おっしゃる通りですね。ただ、最近のコンサルは実装、実行まで担って、そこで発生した顧客の利益から、コンサル料を得るモデルに移りつつありますが。たとえば、コンサルを雇って年間30億円追加利益を上げたら、そのうち3億円もらえます、といったビジネスですね。ただ、実行の手法が限られていると漠然と感じていました。

「ノーエンジニア」な環境での勉強法

―― ちなみに、大杉さんのお薦め本は何かありますか？

自分の価値観を見直すきっかけになった入門本として『ゼロから作るDeep Learning』（斎藤康毅著、オライリージャパン）です。

コンサル時代、よく企業の営業力強化プロジェクトを担当していましたが、その中に、成約見込みの高い有望顧客を抽出する、というのがあります。通常、顧客データを統計解析したり、優秀な営業担当者への膨大なヒアリングからこれを構築したりするのですが、週末にこの本を読みつつニューラルネットワークを3時間くらいで作って、有望顧客の予想をさせてみたんです。そうしたら、かなり高い精度だったことに驚いて。クライアントもコンサルも、本当にビジネスが変わるなと……。これはちゃんと学び直さなければいけないと思いましたね。その後間もなく、博士課程で学ばせてくれと、会社に稟議をかけました。

本自体は、ディープラーニングの仕組み、何ができるかを、とても手軽に習得できる入門本としてお薦めです。

他にも、勉強のために読んだ本やCourseraのコース、勉強会などたくさんありますが、一番身になったのはやはり、とにかく自分でテーマを掲げてプロトタイピングすることでした。

手書き原稿を画像認識させてパワーポイントを自動作成するとか、Kaggleみたいなコンテストとかでも良いです。やりたいことを何とか実現するために、最初はQiitaやバグのQ&Aサイトをあさって、そのうち論文やドキュメントを読み込んだりするようになりました。

ビジョンやコンセプトは「あえて決めない」

―― これから何年か会社を離れて研究をされるにあたって、その後のビジョンはありますか?

実はあんまり考えてないんですよ。そのまま研究に行くのか、会社を興して事業としてやっていくのか。ただこの領域で戦いたい。この手法でやりたいという点については、すごく強い思いがありますね。

―― なるほど。

職業柄、ビジョンやコンセプト、マイルストーンを本当は決めなきゃいけないと思うんですが。個人としても、プロジェクトとしてもそれはやるべきだと思うんですけど、あえて決めちゃうとそれにとらわれてしまうじゃないですか。

でも今は「面白がるとき」だと思っているんです。いろいろ変われる。世界も変わりますし、自分も変わる。ぶっちゃけ「決めないようにしている」ところもありますね。

たとえば、「日本の産業課題を誰もが解決できるような世の中にする」とか、何か、えらそうなことっていくらでもいえるんですけど。もっと違う何かが生まれるかもしれないので、そういう期待を込めて決めていないという感じです。

―― 今後の展開を楽しみにしています。とても貴重なお話をありがとうございました。

第1部　仕事編

第2章

AI業界 最新職種ガイド

多くの企業が実証実験を経て、AIをビジネスに利用し始めました。AI活用への取り組みが本格化するとともに、AI人材へのニーズが高まっています。
本章では、AIエンジニア、データサイエンティスト、研究者など、AI業界で今求められている職種について仕事内容などを紹介します.

機械学習のモデルの実装・データ前処理を行うスペシャリスト

AIエンジニア

AIエンジニアの仕事

AIと一口にいっても、画像認識、音声認識、自然言語処理など利用する分野やデータはさまざまです。AIエンジニアは、AIを活用して利用するインプットデータからどのようなアウトプットデータを得るのかを理解し、ビジネスゴールに応じた機械学習モデルを実装します。そして、AIを使って予測や分類を行うためのライブラリから適切なものを選択し、AIモデルを構築します。AIエンジニアの仕事には、たとえば、10万枚のCTスキャン画像をインプットし、画像認識によりがんに罹患した画像を分類するAIモデルの構築といった例があります。

AIモデル構築のために実データをインプットし、学習を行わせるのもAIエンジニアの仕事です。構築したAIモデルが適切なアウトプットを出さない場合は、データサイエンティストと同様に試行錯誤によるモデル改善が必要になります。利用するデータのフォーマットが適切でない場合は、AIモデルの精度を上げるために、適宜前処理を行ったり、モデル内のパラメータを調整したりします。

AIエンジニアへのニーズ

調査会社富士キメラ総研は、AIを活用したシステムの市場規模は2015～2030年で約13倍に拡大すると予測しています。これまでAIに関する実証実験を行ってきた企業が、実際にビジネスにAIを適用し、多方面で業務改善に活用する方向に転じると考えられるためです。その際に問題となるのが、実装や分析を行うAI人材の不足です。

AIエンジニアの求人数は、後述するデータサイエンティストと同様に急増しています。AIエンジニアが通常のバックエンドエンジニアと大きく異なるのは、Pythonを中心としたコーディング技術に加えて、機械学習の数理モデルを理解する必要がある点です。また、あらかじめ設計した仕様通りにAIを実装すれば良いわけではなく、インプットデータ・アウトプットデータを鑑みながら試行錯誤を繰り返してより望ましいAIモデルを構築していくという難しさがあります。年収500～1,000万円の求人が多く、経験次第ではさらに高い年収を見込めます。シリコンバレーなど海外の大手企業では、数千万円のオファーもあります。

AIエンジニアになるには

AIエンジニアには、次の知識・スキルが求められます。

プログラミング

主流のプログラミング言語であるPythonなどを使って数理モデルをコーディングします。

ライブラリの活用

データ処理や分析モデル構築のためにさまざまなライブラリの中身を理解し、適切に活用します。

統計、線形代数などの知識

AIモデルの構築に必要な数理的な知識を有します。

AIを活用してデータ分析を行うには、Numpy（数値計算）、pandas（データの構造化と操作）、matplotlib（グラフ操作）などを使ってデータの構造化や処理を行う必要があります。また、機械学習を実装するためのライブラリを使ってAIモデルを構築しますが、その性質を理解し、分析目的に適した部分を選択することが重要です。よく使われているライブラリにはscikit-learn、Chainer、TensorFlow、PyTorchなどがあります。

前述の知識やスキルがあれば、実務未経験でもAIエンジニアになることは可能です。しかし、プログラミングや現場での開発の経験が重視される傾向にあるため、たとえばAI会社のアプリケーション側バックエンドエンジニアに即戦力として転職し、AIに近い経験を積みながら、機械学習に関する知識を学び、社内転職としてAIエンジニアを目指すというキャリアパスも一部で出てきています。

●代表的な機械学習ライブラリ

ライブラリ	概　要
scikit-learn	・Pythonのオープンソース機械学習ライブラリ ・サンプルのデータセットが付属しているので、すぐに利用できる ・Pythonの数値計算ライブラリーであるNumPyとSciPyとやりとりするように設計されている
Chainer	・Preferred Networksが開発 ・日本国内を中心として利用が広がっている ・GPUを利用した高速な計算が可能
TensorFlow	・Googleが開発 ・世界シェアトップ。日本のミートアップグループ3,700人 ・TensorFlow for MobileやTensorFlow.jsなど、使えるプラットフォームも広がっている
PyTorch	・Facebookが開発 ・英語圏のコミュニティが盛り上がっており、さまざまな要望や質問に細かく答えてくれる

AIやデータ分析に関するスキルや経験、コンサルティング力などを必要とする分析の専門家

データサイエンティスト

データサイエンティストの仕事

企業の日々の事業活動で発生するデータは、多様化・大量化の一途をたどっています。統計や機械学習を活用してデータを分析し、その結果から業務改善など新しい価値を生み出すには、データの状況およびビジネスのボトルネックがどこにあるかを調査し、方向性を整理しなければなりません。データサイエンティストは、その上で、顧客や自社の経営層、上司、同僚などにビジネスゴールをヒアリングし、データ分析のゴールを設定します。

ゴールの設定後、分析に必要なデータを収集し、分析のための基盤を準備します。バラバラなデータをまとめ、構造化するといった作業も必要です。続いて、収集したデータを基に予測／分類を行い、望ましい結果を定義し、効果的な分析のための数理モデル（ランダムフォレスト、サポートベクターマシンなどの機械学習の手法）を選択します。数理モデルが確定したら、通常シンプルなモデルから順番に使用し、データ分析を開始します。

データ分析の過程は、一度だけでは終わりません。分析のゴールとして設定した結果に向けて、インプットデータを加工したり、アプローチ方法である数理モデルを選択し直したり、まるで科学者のように何度も実験を行ったりします。科学実験に成功の保証がないように、データ分析も実際に実証実験をするまで結果が保証されていないので、アウトプットが望ましいレベルになるまで試行錯誤を繰り返します。

一通り分析が終わったら、分析から得られた知見を基に、業務改善や合理的意思決定などを提案するプレゼンテーションを意思決定者に対して行います。その際、BI（Business Intelligence）ツールなどを活用して分析結果を可視化し、ビジネスの戦略方針やキーとなる指標（KPI：Key Performance Indicator）へのインパクトなどを説明します。

このように、データサイエンティストの仕事の内容は幅広く、場合によりAIエンジニアや研究者のような業務も含まれます。また、コンサルタントやプロジェクトマネージャーとして社内外を含め多くの人と関わり、ビジネスインパクトを追求するデータ分析を軸に進めていかなければなりません。さまざまなスキルや経験を求められるオールラウンダーといえるでしょう。

データサイエンティストへのニーズ

データサイエンティストは、ビッグデータが注目を集め始めた頃に生まれた新しい職種です。当初その定義は曖昧で、仕事内容はよく知られていませんでしたが、企業が本格的にビッグデータ活用に取り組み始めるとともに認知が進んでいます。現状多くのデータ分析案件が、要望やゴールが曖昧な状況からスタートすることからもわかるように、コンサルタントとして状況を整理する側面を持つデータサイエンティストは、非常に多くの場面で必要とされています。

機械学習に関わる職種のうち、データサイエンティストの求人数は右肩上がりに伸び続けています。今、最も需要と供給のバランスが崩れた職種です。しかし、仕事の内容が多岐にわたり、さまざまな経験やスキルが求められ、育成が難しいことから、世界規模で人材が不足しています。日本では、2018年現在、その数は1,000人程度と見られており、将来的に25万人が不足するとの調査結果もあります。

データサイエンティストの年収は経験によって大きく異なります。500〜1,000万円の求人が多く、1,000万円を超えるものもあります。また、コンサルタントとして顧客マネジメントの経験を積むことで、独立してフリーランスになったり、起業する際に必要な営業スキルも身に付けたりすることができます。

データサイエンティストになるには

データサイエンティストには、次の知識・スキルが求められます。

ビジネス力

ビジネス上の課題を整理して解決します。

データサイエンス力

情報処理、AI、統計学などの情報科学系の知識を理解し、活用します。

データエンジニアリング力

データサイエンスを意味のある形に使えるようにし、実装、運用できるようにします。

●データサイエンティストに求められるスキルリスト

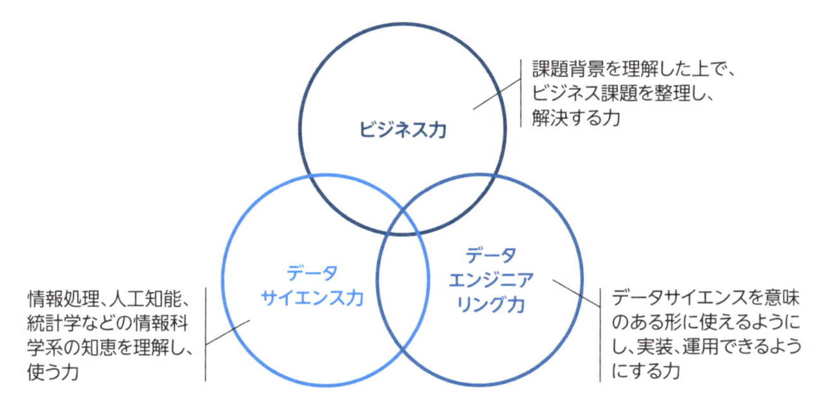

出典：http://www.datascientist.or.jp/news/2014/pdf/1210.pdf
一般社団法人 データサイエンティスト協会 2014.12.10プレスリリースより一部改変

これらのスキルに加え、価値あるコンサルティングのために現場での実務経験やケーススタディが必要です。過去にどのような業種やデータ環境でコンサルティング業務を行ったか、その知見をいかに活かせるかが成功のカギとなります。

そのため、まったくの未経験からいきなりデータサイエンティストになるのは一般的には難しいといえます。まずはよりハードルの低いAIエンジニアやデータアナリストとして経験を積んでから、目指す人が多いようです。

新しい数理モデルや応用技術を開発する

研究者

研究者の仕事

AIの研究は1950年代からさまざまな形で行われており、2012年頃から現在に至るAIの隆盛は第3次AIブームといわれています。そのブームのきっかけになったのがディープラーニングでのブレイクスルーです。

研究者は、新規性のあるデータ分析数理モデルを研究開発し、実データでの実証実験を行います。また、AIや関連技術を応用し、独自のブラックボックス技術を開発して、場合により特許申請を行います。そのため、数多くのアカデミアの論文を英語で読んだり、論文を学会発表したりすることが研究者の仕事のコアとなります。

研究者へのニーズ

AI研究人材は世界規模で不足しており、日本でも需給バランスは崩れています。大学でデータ分析の訓練を受けた卒業生は、アメリカと比べると6分の1以下という調査結果もあります。また、AI関連技術の国際学会「NIPS(Neural Information Processing Systems)」が2017年に採択した論文数のトップ40には、日本からは東京大学と理化学研究所が入ったのみで、企業は入っていません。

AIを活用して独自の技術を開発し、ビジネスに活かしたいという企業は年々増えています。そのため、研究者の求人数は増えていますが、獲得が難しいというのが現状です。日本では年収が800〜1,500万円の求人をよく見かけますが、アメリカや中国などAI研究に注力している企業では数千万円から数億円を提示する場合もあります。

研究者になるには

研究者には、次の知識・スキルが求められます。

持続的探究心

新規性のある発見のためにたゆまぬ努力が必要です。

アカデミア的アウトプット力

論理的文章力・学会発表における表現力が必要です。

協業力

各国や異分野とのコラボレーションが大切です。

大学院でAIや数理系の研究をしている場合は、有利です。研究者として自分の研究結果を論文として国際学会で発表するほか、コミュニティで他の研究者と交流を持ち、協業活動を行う必要があります。1つのテーマを粘り強く深掘りしてそこから新しい理論を生み出す力に加え、一人の頭脳だけでは研究に限界があるため、適切に協業するコミュニケーション能力も求められます。

データサイエンティストやAIエンジニアでも、最新のアカデミア論文を読んで、その技術や理論で生産性を向上させる必要が時としてあります。こういった業務には研究者のエッセンスが少し入っているといえるでしょう。

エンジニアとビジネスの橋渡しをする

データアナリスト

データアナリストの仕事

データアナリストもまた、企業によるビッグデータ活用が本格化するに伴い、増えてきた職種です。ビジネス側とのコンサルティングによりデータ分析のゴールを設定し、必要なデータの取得を行います。データ分析を行い、その結果をBIツールなどで可視化し、ビジネス上のボトルネック解消や意思決定などに役立てるための提案をします。

一見するとデータサイエンティストと同じ仕事内容ですが、データアナリストは自らはAIモデルの構築などのプログラミングを行いません。AIを利用してデータ分析を実施する場合は、GUI（Graphical User Interface）によるハードルの低い分析ツールを活用したり、AIエンジニアにモデルの構築を依頼したりします。いわば、ビジネス側とAIエンジニアとの橋渡しをする役割です。逆に考えると、AIモデルの構築などを自ら一貫して行うデータアナリストを、データサイエンティストとみなすことができます。

データアナリストへのニーズ

データサイエンティストほどの不足感はありませんが、データアナリストの求人数も増えています。年収は400～700万円が多いです。現場での経験が重要となり、経験を積むことで外資系企業では1,000万円以上の年収も望めます。中小企業向け案件を請け負ってフリーランスとして働いたり、起業したりすることも可能です。

データアナリストになるには

データアナリストには、データサイエンティストと同様に、ビジネス上の課題を整理して解決するための洞察力が求められます。それ以外にも、統計（検定3級以上が望ましい）、Tableauなどのデータ可視化ツール（ビジネスの状況により正しい分析軸で状況分析できる知識）、SAS/SPSS/SQL/Rなどの分析ツール（独学で数カ月レベル)に関する知見が必要です。プログラミングなどエンジニア向けのスキルは求められないため、データサイエンティストよりハードルは低いといえます。

データアナリストも現場での実務経験が重視されます。前述のスキルを習得していれば実務経験を問わない求人もあるので、データアナリストとして勤務しながら経験を積んでいくことも可能です。

●代表的なBIツールTableau

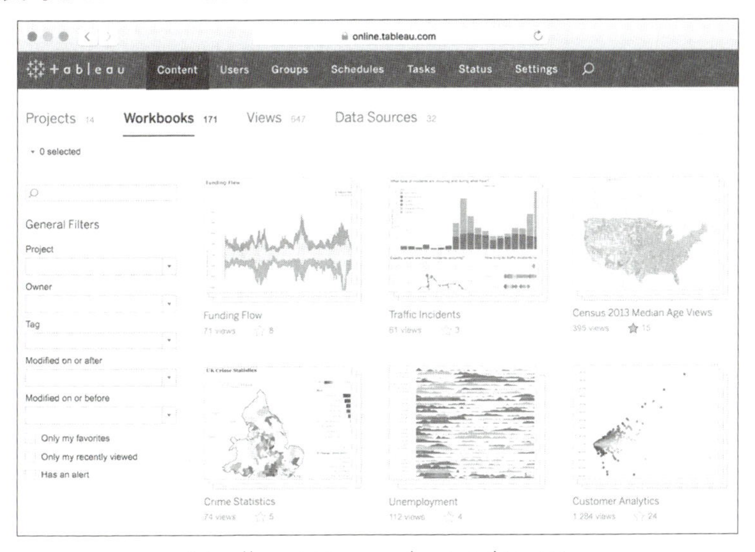

https://www.tableau.com/products/cloud-bi

導入・運用のビジネス現場で活躍

セールスコンサルタント

セールスコンサルタントの仕事

セールスコンサルタントは、簡単にいえば"営業とプロマネ"です。顧客にどのような課題や要望があるかヒアリングし、自社のAI技術・製品を利用してどのように解決できるかを検討します。データサイエンティストやAIエンジニアと連携してソリューションを考え、プレゼンテーション資料を作成し、顧客に提案します。その後、コストやスケジュールについて交渉し、商談を成立させます。

セールスコンサルタントへのニーズ

自社のビジネスにAIを活用するだけでなく、自社で開発したAI技術・製品によるサービスを提供する企業も増えています。そのためには、顧客への提案を行い、交渉を行える人材が必要です。ITシステム構築の提案を行うITセールスコンサルタントのように、AIに特化したセールスコンサルタントへのニーズは今後大きくなっていくと予測されます。

セールスコンサルタントの平均年収は500～1,000万円です。営業やコンサルタントなど名称は異なりますが、同等の年収を提示する求人が見受けられます。

セールスコンサルタントになるには

セールスコンサルタントには、顧客とコミュニケーションを取り、課題や要望を引き出すコンサルティング力が必要です。同時に、自社のAI技術・製品を深く理解し、顧客の課題や要望とマッチングして解決策を見いだすことが求められます。

AIはすべての課題を汎用的に解決する万能薬ではないため、状況に応じてフレキシブルな対応が必要になります。顧客の課題に対して自社のAI技術・製品が有効に働くかを見極め、実際に分析を行うデータサイエンティストやAIエンジニアと検討して解決策を採用します。また、顧客に提案する際にわかりやすく効果的な資料を作成し、プレゼンテーションを行うスキルも求められます。

●IBM Watsonの現場ではセールスコンサルタントが活躍

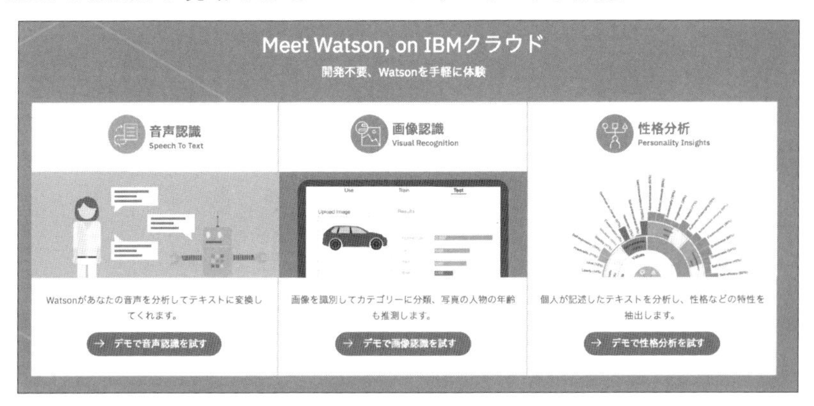

https://www.ibm.com/watson/jp-ja/

アプリケーションの開発とは大きく異なるAI活用

AIエンジニアとアプリケーションエンジニアの違い

AIエンジニアは、Pythonなどのプログラミング言語を使い、数理モデルをコーディングしてAIモデルを構築します。AIエンジニアの仕事のうちこの部分だけを見ると、AIを活用する以外は、Webやスマートフォンなどのアプリケーションの開発とそれほど変わらないように思えます。しかし、実際にはAIエンジニアの仕事はアプリケーションエンジニアとは大きく異なります。

バックエンドのシステム開発の場合、どのような画面からデータを入力するか、入力したデータを処理し、どのように結果を表示するかなど、画面や機能を設計します。作成した仕様を基にプログラミングを行い、テストして仕様通りに動くことを確認してリリースすれば、開発は終了です。リリース後、バグの修正や機能の拡張などが発生しますが、基本的にはどのように作成するかを決めて手順を追って開発を進めていけば、完成します。設計に欠陥がなければ仕様に忠実にコーディングしていくことで、後戻りすることなくリリースできるでしょう。

AIエンジニアの場合は、画面の設計図は関係ありません。まずどのようなデータを利用するか、それをどのような数理モデルで分析して望む結果を得るかを考えます。インプットとアウトプット、予測や分類モデルのアルゴリズムを設計する際には、統計・確率・線形代数といった大学レベルの数学の知識が必要です。

AIモデルをコーディングしたら、実際にデータをインプットして予測／分類を実施します。アプリケーションの開発では、通常設計された仕様通りに構築すれば予定されたアプリケーションが完成します。構築物が不適切であれば、設計やプログラムのミスを修正すれば済むでしょう。しかし、AIモデルは、100％の精度を出すことは理論上ありません。AIを利用したデータ分析では、通常、インプット／アウトプットのセットである教師データから予測や分類のモデルを構築します。そ

●AIは形がないからわかりにくい

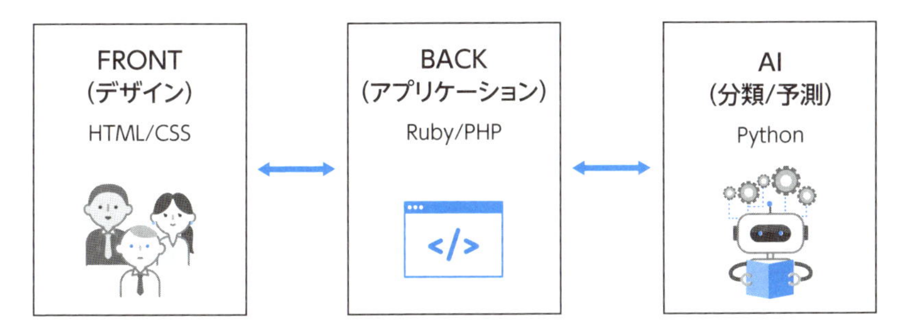

の精度を高くするには、モデルに与えるパラメータを変えてチューニングを行ったり、インプットデータそのものを前処理しノイズを取り除き、より分析に適した形に構造化したりする必要があります。そのため、アルゴリズムの中身である数理モデルについて理解する必要があり、実用に耐えるモデルを構築するためには試行錯誤を繰り返す必要があります。

分析結果は、モデル構築にインプットするデータ量にも左右されます。AIモデルは、一般的には精度向上のために多くの学習用データにインプットする必要があります。望む結果を得るために、学習用データが不十分な場合は、顧客側と調整し、さらに取得するデータ量を増やす必要があるかもしれません。あるいは、そもそもインプットするデータが不適切であった場合は他のデータを試す必要があります。

通常ベーシックなものから順番に複数の数理モデルを使って分析を行います。また、使用するライブラリも開発元によって強みが違うため、分析のゴールに応じて適切なライブラリを使い分けるといった作業も必要になります。AIエンジニアは、AIモデルの構築後、パラメータのチューニングやデータの前処理、数理モデルやライブラリの再検討など、試行錯誤を繰り返し、適切な予測／分類を実施できるAIモデルを強化します。通常のアプリケーションの開発とは大きく異なる開発手法や進め方は、時にAIエンジニアを目指す人の壁となります。

AIエンジニア、データサイエンティスト、研究者になるためには何が必要か、まとめておく

AI人材に必要なスキルリスト

AIエンジニアに必要なスキル

必須のスキル

数理モデルをコーディングする

データ分析のための数理モデルについてPythonなどでプログラミングして予測モデルを構築します。

機械学習や統計のライブラリに精通している

AIモデルを構築する際には、TensorFlowやChainerなどのライブラリを利用します。それぞれのライブラリの特徴や機能を理解し、適切なものを選択できることが重要です。

AIモデルのパラメータをチューニングする

モデルの精度を上げるためには、数理モデルを理解し、状況に応じてパラメータをチューニングする必要があります。これには経験が必要です。

望ましいスキル

AI技術の最新情報に追いつく

AIは日進月歩で進歩を続けています。場合によりアカデミアの論文を読むなどして、常に最新の問題解決方法を知ることが生産性向上のために必要です。

データの前処理を行う

AIモデルの精度性能は投入するデータの質や量に左右されます。必要なデータをまとめ、ノイズ除去や水増しなどの前処理が必要です。

データ分析プロジェクトの実務経験

過去に経験したデータ分析プロジェクトで得た知見は、新しいプロジェクトで活かすことができ、生産性を向上させ工数を圧縮できます。

データサイエンティストに必要なスキル

必須のスキル

ビジネス上の課題を見極める

顧客や上司にコンサルティングを行い、ビジネス上の課題等を見極めます。その際過去に類似の事例を扱っていると、より短時間で正しい見立てが行えます。

仮説検証のサイクルを迅速に回す

データ分析の仮説を立て、実データを投入して検証します。サイエンティストの名前通り"科学者"的に試行錯誤し、実験を繰り返します。

AIエンジニアに必須のスキルがデータサイエンティストにも必要

- 数理モデルをコーディングする
- 機械学習などのライブラリに精通している
- 予測モデルのパラメータをチューニングする

望ましいスキル

プレゼンテーション力

データ分析の結果からビジネス上の課題解決や新しい業務を提案するために適切な資料を作成し、プレゼンテーションを行います。

利害関係者間で調整を行う

データ分析プロジェクトのマネージャーとして利害関係者間の調整を行います。特に必要なデータを取得する工程は大切です。

AIエンジニアに望ましいスキルがデータサイエンティストにも必要

・AI関連技術の最新情報を収集する
・データの前処理を行う
・データ分析プロジェクトの実務経験

研究者に必要なスキル

必須のスキル

飽くなき探求心

新しい数理モデルや関連技術などを開発するためには、対象を徹底的に調査し、実証実験を繰り返す探究心が必要です。

文章力・発表力

研究結果に関して論文を書き、学会などで発表する機会があります。結果をわかりやすく的確に伝えられるように、文章力・発表力が必要です。

情報収集力

文献やインターネット、学会などさまざまなソースから効率的に必要な情報を収集するリサーチ能力が必要です。

望ましいスキル

英語力

海外アカデミアの最新技術や事情を知るには、英語力が必要です。また、新規性がある研究のために海外との共同プロジェクトもできたほうが望ましいです。

忍耐力

研究は一朝一夕に良い結果は出ません。結果が出ない状況でも諦めずに、改善を繰り返し、新しい手法を試しながら辛抱強く研究を続けなければなりません。

コミュニティ交流力

研究は一人の力では限界があるため、独自に研究を進めるだけでなく、コミュニティで他の研究者と情報を交換するなど、交流を持つことが大切です。

第1部　仕事編

第3章

AI人材になるための具体的行動計画

AIエンジニア、データサイエンティスト、研究者など、AI関連の職種について見てきました。では、その職種に就くにはどのような勉強をすれば良いでしょうか。また、AI業界で生き抜くためには何が必要かについても説明します。

ホップステップジャンプ！段階別やることリスト

ここでは初級、中級、上級別に、キャリアアップのために何をすべきかを説明します。

初級　学生や他職種からAIエンジニアやデータサイエンティストを目指す

AI人材は大幅に不足しています。AI活用へのニーズが高いため、AIエンジニアやデータサイエンティストに関しては未経験での求人も見るようになりました。

現在学生であったり他職種に就いていたりする場合で、まったくの未経験でも半年から1年間懸命に努力すればAIエンジニアやデータサイエンティストとして就職できる可能性はゼロではありません。しかし、目標とする職種に就き、スムーズにキャリアをスタートさせるためには、しっかりと学習計画を立てて勉強を進めていく必要があります。

まずは書籍を読んでみよう

インターネットにはさまざまな情報があふれています。しかし、初級者にとっては、玉石混淆の情報の中から自分に役立つものを選び出すのは、なかなかハードルが高いことでしょう。一方、書籍は情報が体系的に整理されているため、読みやすく、勉強の道筋が付けやすいというメリットがあり、初学者向けの良書も数多く存在します。

まずは、AIや機械学習に関連する書籍を4～5冊読み込んで、基本となる知識を身に付けましょう。AIの基礎的な専門用語を網羅した概論、機械学習に必要な線形代数や統計の知識、PythonやRのハンズオン的な入門書などがお薦めです。

なお、第4章では、初級者が読んでおくべき書籍を紹介しているので参考にしてください。

オンラインビデオコースを活用しよう

書籍と並行して、オンラインビデオコースを活用しましょう。書籍を読むだけでなく、映像による講義を受けることで理解を進めることができます。

オンラインビデオコースの何よりの利点は、自分の都合の良いときに視聴できる点です。レベルや価格もバリエーションに富んでおり、初級者向けなら数千円で受講できるものも数多くあります。

スタンフォード大学をはじめ、世界中の大学のコースを受講できる「Coursera」（英語を中心にさまざまな言語のコースがあり、なかには日本語の字幕が付くコースもある）、日本語のコースも多い「Udemy」など、さまざまなサイトがあります。各サイトで、「機械学習」や「Python」などのキーワードでコースを検索してみましょう。なお、第4章では、お薦めのオンラインビデオコースサイトを紹介しているので参考にしてください。

●Coursera

https://www.coursera.org/

●Udemy

https://www.udemy.com/jp/

Pythonのコーディングにチャレンジしよう

AIエンジニアでも、データサイエンティストでも、数理モデルをコーディングするスキルが求められます。プログラミングにはPythonやRなどの言語が使われますが、お薦めはPythonです。

Pythonは、コードの書きやすさ、理解しやすさを重視し、シンプルな文法で知られるプログラミング言語です。オープンソースで公開されており、これまでWebアプリケーションなどによく利用されてきました。比較的習得がしやすいことに加え、機械学習関連のライブラリではPythonで実装されたものが多いことから、機械学習ではPythonが広く使われています。

機械学習や数理モデルを解説する書籍には、Pythonを使ったプログラム例が掲載されています。まずは、このプログラムを実際に動かしてみるところから始め、さらにコードを書く練習をしてみましょう。Pythonは、「Qiita」などのチュートリアルサイトで、初級者向けの解説を読んで実装してみるのが手軽です。最近ではブラウザ上で動く「Jupyter Notebook」を活用することが増えてきています。

● Jupyter Notebook

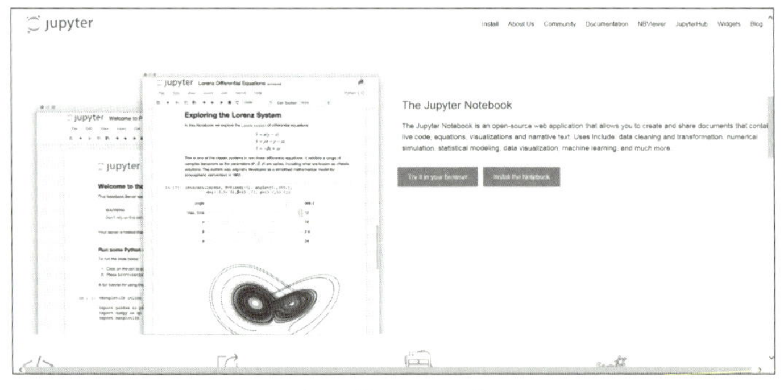

http://jupyter.org/

勉強仲間を見つけよう

AIや機械学習に限らず、難易度の高い学習分野は一人で勉強をしていると集中力が続かず、効率が落ちがちです。また、進捗が悪く、成果が上がらずに挫折してしまうこともあります。

ぜひ、一緒に勉強する仲間を作ってください。SNSで志を同じくする仲間を見つけて交流したり、学校や職場の仲間で勉強会を開いたりといった活動により、学習のためのモチベーションが高まるだけでなく、相互に教え合うことで効率を上げることができます。

最近では、毎日のようにAIの勉強会が開催されています。「connpass」「Meetup」「Doorkeeper」「TECH PLAY」などのイベント管理サイトで検索し、参加してみましょう。

また、オンラインでのコミュニティ活動もお勧めです。SlackやFacebookなどでコミュニティを探してみましょう。

●代表的なイベント管理サイト

サイト名	URL
connpass	https://connpass.com/
Meetup	https://www.meetup.com/ja-JP/
Doorkeeper	https://www.doorkeeper.jp/
TECH PLAY	https://techplay.jp/

長期戦を覚悟しよう

AIは、今後大きく成長が見込まれる分野であり、人材不足が課題になっています。未経験の求人も多いため、すぐに就業できるように思うかもしれません。しかし、AIエンジニアやデータサイエンティストに求められる知識やスキルは幅広く深いので、勉強の途中でくじけてしまう人が多いのもまた事実です。

数カ月で就職や転職がかなうほど、簡単な分野ではありません。世の中はブームといえるほどAIがもてはやされていますが、その勢いに押され、大学やスクールに入って授業を受けてみると、実際にはついていけずに挫折するという話もよく聞きます。1～3年くらいのスパンで計画を立て、自分に合ったペースを考えながら念入りに学習を進めることが必要です。千里の道も一歩からといいますが、長期計画を基にあせらず、コツコツ一歩ずつ進んでいきましょう。

column 文系出身でも大丈夫？

AIエンジニアやデータサイエンティストには、数学の知識やプログラミングスキルが求められます。そのため、大学で関連のコースを受けてきた理系出身者のほうが、就職・転職にあたって有利になります。

文系の人は、数学に苦手意識を持ちがちです。機械学習関連の職種に最低限必要な知識は、統計、確率、線形代数など大学の一般教養で履修する範囲が基本です。プログラミングに関して必要なのは、プログラムで何を実現したいかを理解し、それをロジックとして組み立て、プログラミング言語で書くという力であり、文系だからといって敬遠する必要はありません。

文系の学部に在学中であれば、他学部の数学やプログラミングのコースを履修するという方法もあります。新卒でアプリケーションエンジニアになってからAIエンジニアを目指すというキャリアパスも考えられるでしょう。

AIエンジニアやデータサイエンティストになるときに、文系だからといって諦める必要はありません。むしろ、目標に向かって着実に試行錯誤しながら進むことができるかどうかが重要になります。

中級 現場の知識を活かし、自立自走型で応用分野の経験を広げよう

AIエンジニアやデータサイエンティストになったからといって、もちろんそこで終わりではありません。AIエンジニアからデータサイエンティストへの転職など、キャリアアップを目指すには、経験を重ねつつ学習を継続する必要があります。

実務経験を積み、自立自走型人材になって、一段上を目指す

どのような職種でも、キャリアアップのためには現場で実務経験を積み、そこで得た知見やスキルを次に活かすことを繰り返していく必要があります。加えて、AIエンジニアからデータサイエンティストを目指したい、データサイエンティストとして年収アップを図りたいのであれば、上からの指示に唯々諾々と従うのではなく、

自分から目標を達成するための戦略を立て、行動する、自立自走型の人材になる必要があります。技術的な知識やスキルはいうまでもなく、顧客から要望を引き出し、ビジネス上の課題を整理して解決策を提示するといった、コンサルタントとしての力も磨いていかなければなりません。

自分の専門分野を確立し、多くの事例を知ろう

一口に機械学習といっても、画像認識、音声認識、自然言語処理などデータ分野はさまざまです。業務でどの分野を扱うことになるかはわかりませんが、少なくとも1つの分野について深く掘り下げ、専門分野を確立しましょう。その上で、他の分野についても興味を持ち、アナロジーを使って技術知識を横展開する姿勢が望まれます。

また、機械学習を活用する産業も多岐にわたります。金融、医療、製造、広告など多くの業種で機械学習が活用されていますが、産業が変われば課題解決のテーマはまったく異なり、企業の数だけ活用事例があります。

AIエンジニアやデータサイエンティストにとって、どれだけ多くの事例を知っているか、そこから得た知見をプロジェクトに活かせるかが非常に重要です。ただし、現場ですべての分野、業種を経験できるわけではありません。そこで、初級者・中級者にお薦めなのがKaggleです。

Kaggleを活用しよう

Kaggleは、データサイエンティストとAIエンジニアのためのコミュニティサイトです。機械学習やデータサイエンスについて学ぶためのハンズオン的な事例アーカイブ、各種のリアルなデータセットを利用できるほか、与えられた課題に対して実際にデータ分析を行うことができます。また、ブラウザ上で手軽に他の上級ユーザーのデータ分析の結果（PythonやRのコード）をコピー（フォーク）して自分のものとして利用できるカーネル機能がとても便利です。

Kaggleの最大の特徴は産業別、テーマ別にデータ分析コンペティションが行われていることです。住宅価格の予測、手書き文字の認識、YouTubeの動画解析、メルカリの価格レコメンドなど、各企業からかなり踏み込んだ生データが提供され、200万〜1.5億円ほどの賞金が懸けられており、世界中のデータサイエンティストたちと協力・競争してスコアを競います。

まずはカーネルを使って興味のあるデータセット課題に取り組んでみましょう。

上級者のカーネルを参考にしてある程度の知識が付いたら、ノーヒントかつ自分の力で分析モデルを応用し、試してみてください。分析結果を自分のカーネルとして公開すると、世界中の他ユーザーからフィードバックが得られます。自分の専門分野や今までに経験してきた業種に限らず、別の分野、他の産業の課題にもチャレンジすることで知識の幅が広がります。Kaggleには世界中のAIエンジニア、データサイエンティストと議論を交わすことのできるフォーラムもあります。実践的な学習により事例を知り、海外や他分野の人とコミュニケーションを取ることが、次のステップへとつながります。

●データサイエンティストとAIエンジニアのためのコミュニティサイト「Kaggle」

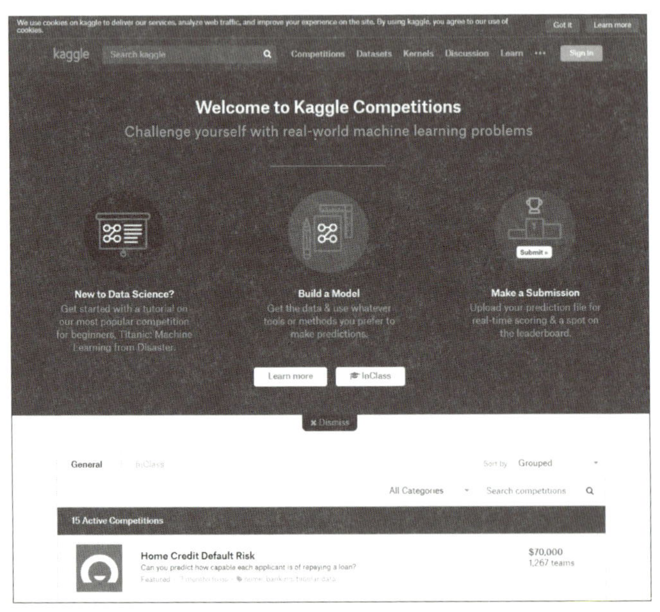

https://www.kaggle.com/

上級　論文読解・コード実装を通じて、先端AI技術の理解にもチャレンジ

データサイエンティストとして現場のリーダークラスを目指したい、さらには一歩

進んで研究者になりたい場合は、AIに関する最新技術についても常に目を向けていなければなりません。自分の専門分野について研究を重ね、世界の最新技術についていきましょう。目安としては機械学習の修士課程卒業かそれと同等の知識と経験が身に付けば、自ら学会発表や論文発表が可能になってきます。

論文を読んで最新技術を知ろう

AIや機械学習の技術は日々進化しています。自分の習得した知識やスキルが時代遅れのものにならないように、AIに関連する論文を読み、常に最新の情報をキャッチアップしておきましょう。初級者であっても、英語が得意ならハイレベルな世界を眺めることは役に立つので、海外のサイトも見るようにしてください。

論文は、次のようなサイトから読むことができます。

●arXiv.org

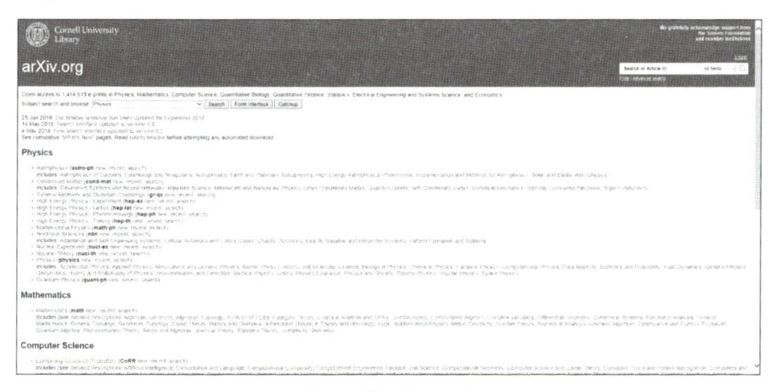

https://arxiv.org/

●人工知能学会論文誌

https://www.jstage.jst.go.jp/browse/tjsai/-char/ja/

2016年から2017年にかけて、世界中で発表されたAIに関する論文の数が約4倍に増加したとの統計があります。世界規模ではそれだけ多くの研究が行われており、AI関連の論文をすべて読みこなそうというのは現実的ではありません。まずは自分の専門分野に関連する論文から読み進めることをお勧めします。最近の論文は関連するアルゴリズムのコードを公開していることも多く、GitHubからコードをフォークしてそのコードを実際に動かしてみると、より理解しやすいでしょう。「Deep Learning Weekly」や「Two Minutes Papers」「arXivTimes」もお薦めの情報ソースです。

●代表的な論文公開サイト

サイト名	URL
人工知能学会論文誌	https://www.jstage.jst.go.jp/browse/tjsai/-char/ja/
Deep Learning Weekly	http://digest.deeplearningweekly.com/
Two Minutes Papers	https://www.youtube.com/channel/UCbfYPyITQ-7l4upoX8nvctg
arXivTimes	https://arxivtimes.herokuapp.com/

学会に参加してみよう

論文を一定量以上読みこなしたら、通常年1回行われる学会に出向いて聴講してみましょう。国際学会であれば世界トップの研究者たちの顔を実際に見ることができ、大きな刺激を受けることができます。

また、前述のQiitaには、「2018年の機械学習系のカンファレンスを調べてみた」(https://qiita.com/ishizakiiii/items/43d680f80a0f5532d79b)などの便利なまとめ記事があります。国内であれば人工知能学会(JSAI)や情報論的学習理論(IBIS)が大きな学会です。人工知能学会には、たとえば金融であればSIG-FINという産業別分科会があります。国際学会であればNIPS、ICML、KDD、コンピュータビジョンであればCVPRなどが有名です。

その後、自分の興味がある研究室を調べるには、AINOWのAI Lab Mapが便利です。その研究室が発表している論文を読んだり、共同研究やその研究室で学ぶことを検討したりするのが良いでしょう。

キャリアゴールを決め、「習うより慣れろ」の精神で進もう

初級、中級、上級とレベル別にどのように勉強すべきかを見てきました。ここでは、実際に就職や転職をする際に、注意すべき点を挙げておきます。

イベントに参加し、目標となる人を見つけよう

最近では、勉強会やミートアップ、カンファレンスなど、AI関連のイベントが数多く開催されています。まずは、イベントに足を運んで参加者と交流を持ち、AI業界に関する情報を収集しましょう。

イベントでは、AI業界で活躍している企業や人物が講演をすることがあります。企業が実際にどの分野に取り組み、どのようなサービスを実現しているかといった技術的な話だけでなく、実際にどのようなやり方で仕事をしているかなど、現場での実情を聞ける良い機会です。具体的な話を聞くことで自分がどの分野を専門にしたいのか、そこで何をやりたいかを明確にすることができます。

そして、イベントの参加者や講演の登壇者の中から、自分の志望する分野や立場で働いている人を目標として定めましょう。その時点でのキャリアゴールを明確にし、目標にする人と現在の自分では何が違うのか、どれくらいの差があるかを分析することで、自分が何をすべきかが見えてきます。特に目標にする人のTwitterやFacebookで動向をつかみ、勇気を出して会いに行けば直接キャリアアドバイスを受けることができるかもしれません。AI業界の素晴らしいところは開放的なオープンイノベーションの文化です。

習うより慣れろ～とにかくコーディングしてみよう～

AIエンジニアやデータサイエンティストには、数学および数理モデルの知識が必須です。そのため、まず関連する書籍やビデオコースで学習することをお勧めしますが、その途中で挫折してしまうことがあります。初学者にありがちな誤りは、数理モデルの書籍を読んで最初から最後まで理解しようとすることです。内容が

難しくなり、理解が追いつかなくなると、中途で投げ出したくなってしまいます。

そこで、書籍やビデオコースで学習しながら、数理モデルについてまだ完全に理解していなくても、まずはコーディングしてみましょう。AIでインプット・アウトプットを繰り返し、望むアウトプットが得られない状況になれば、自ずとAIモデル内のパラメータを調整したり、データの前処理を行う必要に駆られたりします。パラメータの調整のためには数理モデルの理解が必要になるので、逆引きで関連する数理モデルの理解を進めていったほうが、実装の具体例を先に見ているので理解が進みやすいといわれています。さまざまな数理モデルの試行錯誤的な実装と逆引き調査を繰り返すうちに、定番といわれる5〜10種類の機械学習モデルをマスターできます。特に英語圏の人がこういったハンズオン的な効率的学習を取り入れていることが多いです。「習うより慣れろ」というのが、上級者がよく口にするアドバイスです。

column　理系出身者は何をすれば良い？

AIエンジニアやデータサイエンティストには数学の知識が必須です。そのため、理系の学部でも数学を専攻していた人が有利に思われます。外部からのAI職種への転職では物理学を専攻していた人がやや有利だといわれています。物理学ではコンピュータシミュレーションを数多く行うため、理論だけで済む数学以上にさまざまな実地計算を行わなければなりません。その際に、PythonやC++を使ってシミュレーションの環境を構築するため、数学の理解度とコーディングスキルのバランスが良いといわれています。

理系出身であれば、文系出身よりもプログラミングを行う機会は多いでしょう。まずはPython、そしてRのプログラミングを習得してください。余力があれば、C言語やC++にチャレンジしてみても良いでしょう。

就職・転職のために取得しておきたい資格試験

AI業界への就職・転職に有利な資格試験を紹介します。

G検定、E資格

一般社団法人日本ディープラーニング協会（JDLA：Japan Deep Learning Association）は、ディープラーニングに関する知識を有し、事業を活用する人材（ジェネラリスト）とディープラーニングを実装する人材（エンジニア）の育成を目指し、G検定、E資格の2つの資格試験を実施しています。

G検定：ジェネラリスト

ディープラーニングの基礎知識を有し、適切な活用方針を決定して事業応用する能力を持つ人材を「ジェネラリスト」と位置付けています。ディープラーニングを事業に活用するための知識を有しているかどうかを検定する試験です。年に3回実施されます。

詳細については、次のURLを参照してください。

URL http://www.jdla.org/business/certificate/

●試験概要

受験資格	なし
試験時間	120分
出題形式	多肢選択式、シラバスより出題
実施形式	オンライン実施（自宅受験）
受験料	12,960円（税込）、学生5,400円（税込）

●シラバス

—— 人工知能（AI）とは（人工知能の定義）

—— 人工知能をめぐる動向

- 探索・推論、知識表現、機械学習、深層学習

―― 人工知能分野の問題

- トイプロブレム、フレーム問題、弱いAI、強いAI、身体性、シンボルグラウンディング問題、特徴量設計、チューリングテスト、シンギュラリティ

―― 機械学習の具体的手法例題

- 代表的な手法、データの扱い、応用

―― ディープラーニングの概要

- ニューラルネットワークとディープラーニング、既存のニューラルネットワークにおける問題、ディープラーニングのアプローチ、CPUとGPU
- ディープラーニングにおけるデータ量

―― ディープラーニングの手法

- 活性化関数、学習率の最適化、さらなるテクニック、CNN、RNN
- 深層強化学習、深層生成モデル

―― ディープラーニングの研究分野

- 画像認識、自然言語処理、音声処理、ロボティクス（強化学習）、マルチモーダル

―― ディープラーニングの応用に向けて

- 産業への応用、法律、倫理、現行の議論

E資格：エンジニア

ディープラーニングの理論を理解し、適切な手法を選択して実装する能力を持つ人材をエンジニアと位置付けています。ディープラーニングを実装するエンジニアの技能を認定する試験です。2018年より実施予定です。

詳細については、次のURLを参照してください。

URL http://www.jdla.org/business/certificate/

●試験概要

受験資格	JDLA認定プログラム（高等教育機関や民間事業者が提供する教育プログラムで、JDLAが別途定める基準およびシラバスを満たすもの）を修了していること
出題形式	知識問題（多肢選択式）、シラバスより出題
実施形式	会場試験（東京、大阪／予定）
受験料	32,400円（税込／予定）、学生21,600円（税込／予定）

●シラバス

―― 応用数学

- 線形代数
- 確率・統計
- 情報理論

―― **機械学習**
- 機械学習の基礎
- 実用的な方法論

―― **深層学習**
- 順伝播型ネットワーク
- 深層モデルのための正則化
- 深層モデルのための最適化
- 畳み込みネットワーク
- 回帰結合型ニューラルネットワークと再帰的ネットワーク
- 生成モデル
- 強化学習

Python試験

一般社団法人Pythonエンジニア育成推進協会は、Python人材の育成支援を目的に、Python 3エンジニア認定基礎試験を実施しています。また、Python 3エンジニア認定データ分析試験を策定中です。

Python 3エンジニア認定基礎試験

Pythonの文法基礎を問う試験です。

詳細については、次のURLを参照してください。

URL https://www.pythonic-exam.com/exam/basic

●試験概要

実施形式	全国のオデッセイコミュニケーションズCBTテストテスティング センター(http://otc.odyssey-com.co.jp/)で通年受験可能
試験時間	60分
出題数	40問(選択問題)
合格ライン	正答率70%
出題範囲	『Pythonチュートリアル 第3版』(Guido van Rossum著、鴨澤眞夫訳、オライリージャパン、2016年、ISBN 978-4-87311-753-9)から出題(一般知識からの出題もあり)
受験料	10,000円(外税)、学割5,000円(外税)

Python 3エンジニア認定データ分析試験

Pythonを使ったデータ分析の基礎や方法を問う試験です。現在、策定が進められています。

詳細については、次のURLを参照してください。

URL https://www.pythonic-exam.com/exam/analyist

●試験概要（予定）

出題数	40問（選択問題）
合格ライン	正答率70％
受験料	10,000円（外税）、学割5,000円（外税）

統計検定

日本統計学会は、統計に関する知識や活用力を評価する全国統一試験として、統計検定を実施しています。

●統計検定

試験の種別	試験内容
統計検定4級	データや表・グラフ、確率に関する基本的な知識と具体的な文脈の中での活用力
統計検定3級	データの分析において重要な概念を身に付け、身近な問題に活かす力
統計検定2級	大学基礎統計学の知識と問題解決力
統計検定準1級	統計学の活用力――データサイエンスの基礎
統計検定1級	実社会のさまざまな分野でのデータ解析を遂行する統計専門力
統計調査士	統計に関する基本的知識と利活用（http://www.toukei-kentei.jp/about/tyousa/）
専門統計調査士	調査全般に関わる高度な専門的知識と利活用手法（http://www.toukei-kentei.jp/about/senmontyousa/）

統計検定4級

データと表やグラフ、確率に関する基本的な知識と具体的な文脈の中で求められる統計活用力を評価し、認証するための試験です。

詳細については、次のURLを参照してください。

URL http://www.toukei-kentei.jp/about/grade4/

試験概要

試験形式	4～5肢選択問題（マークシート）
出題数	30問程度
試験時間	60分
受験料	3,000円（税込）

主な内容

- 基本的なグラフ（棒グラフ・折れ線グラフ・円グラフなど）の見方・読み方
- データの種類
- 度数分布表
- ヒストグラム（柱状グラフ）
- 代表値（平均値・中央値・最頻値）
- 分布の散らばりの尺度（範囲）
- クロス集計表（2次元の度数分布表：行比率、列比率）
- 時系列データの基本的な見方（指数・増減率）
- 確率の基礎

統計検定3級

大学基礎統計学の知識として求められる統計活用力を評価し、認証するための試験です。

詳細については、次のURLを参照してください。

URL http://www.toukei-kentei.jp/about/grade3/

試験概要

試験形式	4～5肢選択問題（マークシート）
出題数	30問程度
試験時間	60分
受験料	4,000円（税込）

主な内容

- 標本調査（母集団、標本、全数調査、無作為抽出、標本の大きさ、乱数）
- データの散らばりの指標（四分位数、四分位範囲（四分位偏差）、標準偏差、分散）
- データの散らばりのグラフ表現（箱ひげ図）
- 2変数の相関（相関、散布図（相関図）、相関係数）
- 確率（独立な試行、条件付き確率）

統計検定2級

大学基礎課程（1、2年次学部共通）で習得すべき知識を検定します。現状について問題を発見し、その解決のために収集したデータを基に、仮説の構築と検証を行える統計力と、新知見獲得の契機を見いだすという統計的問題解決力について試験します。

詳細については、次のURLを参照してください。

URL http://www.toukei-kentei.jp/about/grade2/

●試験概要

試験形式	4～5肢選択問題（マークシート）
出題数	35問程度
試験時間	90分
受験料	5,000円（税込）

統計検定準1級

大学で統計学の基礎的講義に続いて学ぶ応用的な統計学の諸手法の習得について検定します。統計検定2級の内容をすべて含み、各種統計解析法の使い方および解析結果の正しい解釈を踏まえ、適切なデータ収集法を計画・立案し、問題に応じて適切な統計的手法を適用し、結果を正しく解釈する力を試験します。

詳細については、次のURLを参照してください。

URL http://www.toukei-kentei.jp/about/grade1semi/

●試験概要

試験形式と出題数	4～5肢選択問題（マークシート）：20～30問 部分記述問題：5～10問 論述問題：3問中1問選択
試験時間	120分
受験料	8,000円（税込）

統計検定1級

大学専門課程（3、4年次）で習得すべきことについて、専門分野ごとに検定します。統計検定準1級の内容をすべて含み、各種統計解析法の考え方および数理的側面の正しい理解を踏まえ、各専門分野において研究課題の定式化と研究仮説の設定に基づき適切なデータ収集法を計画・立案し、データの吟味を行った上で統計的推論を行い、結果を正しく解釈してコミュニケーションを取る力を試験します。

詳細については、次のURLを参照してください。

URL http://www.toukei-kentei.jp/about/grade1/

●試験概要

試験分野	「統計数理」「統計応用」
試験形式と出題数	「統計数理」―― 論述式：5問から3問を選択 「統計応用」―― 論述式：5問から3問を選択 (申込時に人文科学、社会科学、理工学、医薬生物学から分野を1つ選択)
試験時間	「統計数理」：90分(午前) 「統計応用」：90分(午後)
合格の条件	「統計数理」と「統計応用」(1つ以上の分野)の合格が必要
受験料	「統計数理」と「統計応用」：10,000円(税込)、「統計数理」のみ：6,000円(税込)、「統計応用」のみ：6,000円(税込)

女性エンジニアよ、
もっとAI分野に入ってこよう!

スザッナ・イリチ

(聞き手:Team AI)

アメリカの大手IT企業の東京支社に勤務するかたわら、オーストリア・インスブルック大学(言語学およびメディアプログラム)にてPh.D.取得のため、遠隔で研究を続けている。専門分野はテキストベースの自然言語処理における、感情認識を用いたディープラーニングの応用。
現在「Machine Intelligence」の領域で自然言語理解に取り組んでおり、国際的なエンジニア中心のAIおよび機械学習コミュニティ"Machine Learning Tokyo"を共同で運営している。

自然言語処理の問題解決手段として機械学習に興味を持つ

——まずはアカデミアでのキャリアについて伺います。専攻された学科は何ですか?

私はオーストリアでセルビア人両親の下に生まれ、修士課程までオーストリアのインスブルック大学で学びました。現在はアメリカの大手IT企業の東京支社で働いていますが、Ph.D.取得のため、同大学にて遠隔で研究し続けています。

もともと、応用言語学の学部で言語学の基礎を学んでいましたが、アプローチは完全にデータドリブンでした。自然言語処理の研究には自然言語の文章を構造化し、大規模に集積したソーシャルメディアのデータセットを用いました。大規模なデータセットを扱うことはここで学びました。また、それらに注釈を付けたり、設計したり、それらのデータからインサイトを得る方法についても学びました。

修士課程では、感情分析の研究をしていました。そのときはオーストリアの大統領選挙に関するソーシャルメディアデータを分析していました。非常に単純なレキシコン(辞書)ベースにBag-of-Wordsと呼ばれる解析アプローチがメインでした。シンプルな手法でしたが、とても興味深い結果をもたらしました。自然言語は非常に複雑かつ多種多様であり、言語学者として言葉を数えるだけでは十分ではないと思っていました。

データの言語はドイツ語です。その後、より複雑な自然言語処理の問題を解決するための、よりハイレベルな手法を探していました。大学院の研究の間に機械学習について学び始め、そのときに機械学習のPh.D.を取りたいと明確に考えました。

―― 言語学から機械学習に興味を持ったんですね。

はい。Masterの取得と並行して機械学習ベースのアプローチを深めていきました。

Ph.D.の研究を始めた当時は、研究滞在のためにNII(東京の国立情報学研究所)にいました。そこで、チューリッヒ工科大学と東京大学のコンピュータサイエンス研究者たちと出会うことができました。彼らと、2つの異なる問題について別の論文を書こうとしていました。

多くの異なるアルゴリズムのバリエーションを自分で実装しなければならなかったので、滞在中に受けた彼らからのたくさんの指導はとても貴重でした。機械学習、特に自然言語処理の道に進めたことも本当に良かったと思っています。

Ph.D.の研究において、自然言語処理におけるディープラーニングの応用の論文を出しています。主に、テキストベースの感情認識とテキストベースのコンピューティングに焦点を当てています。私はディープニューラルネットワーク、ディープラーニング、リカレントニューラルネットワーク、転移学習と文脈の単語埋め込み、単語のベクトル表現を学習しています。それらのものを組み合わせ、データセットに適用する方法および感情認識のインサイトを得る方法について研究しています。

―― 現在非常にハイレベルな研究をしていると思いますが。

ええ、特にディープラーニングと転移学習についてはチューリッヒ工科大学と共に意思決定支援システムに関する論文を執筆しました。NIIに通い出したときに、比較分析として行っていた研究が元になっています。まだレビュー中ですが、2018年中に世に出す予定です。

最初に実装したのは、ランダムフォレストとサポートベクターマシンの2つです。これは機械学習の中でも伝統的で基本的な数理モデルですね。この2つを試してから、さまざまな種類のディープラーニングのモデルを試しました。最終的に、転移学習にたどり着き、チューリッヒ工科大学と共に実装しました。

とにかくフルタイムで研究にコミット

── 私の記憶では、機械学習を本格的に学び始めてから、まだ1年程度しか経っていないですよね。どのようにしてそのレベルまでたどり着いたのですか。

Master課程の研究中、機械学習やディープラーニングに関する論文を読むところから始めました。同時にPythonで、自然言語処理のコードを書いていました。機械学習とディープラーニングのアルゴリズムを実装し始めたのが1年と少し前ですね。ありがたいことに私の研究には資金が付いていたので、フルタイムで専念することができました。

── NIIでは、給料を支給されていましたよね。そして指導も受けていたのですか。

そうですね。私の経費は研究滞在であったために保障されていました。

── 素晴らしいですね。通常、学習のためには自身で支払わなければならないので。

そうですね。非常に運が良かったと思います。研究滞在とプロジェクトの資金援助を受けられたことに非常に感謝しています。

特にチューリッヒ工科大学と東京大学には本当に感謝しています。たくさんの指導と支援を受けました。進行中のプロジェクトとして、東京大学では、共に2つ目の論文を出そうとしています。この1年間、かなり集中して研究に没頭したことが、論文の発表などの後押しになってくれたと思います。

私は機械学習の研究に、週末も含め昼夜を問わず時間を捧げました。だからこそ、自分が共同創業者となっているミートアップイベントを立ち上げ、コミュニティも作りました。現在コミュニティメンバーはおよそ800名で、外国人の割合が約60〜70％。国際的なコミュニティです。よりテクニカルな知識を他の人から学び、他の人と協業することによって自分のスキルを高めたかったからです。

スザッナさん運営のコミュニティ「Machine Learning Tokyo」の様子

自分のスキルを高めるためのスタディグループが800人を超えるコミュニティへ

―― 現在、スザッナさんが運営されている「Machine Learning Tokyo」というコミュニティですね。そのコミュニティについて、もう少し教えてください。機械学習を学ぶ最も良い方法は機械学習のミートアップを実施することだと思いますか？

はい、リーダーシップを取って他のエンジニアと協業することは、学びにもより良い結果を出すためにも本当に良い手段だと確信しています。

他の人たちと協業することで本当に素晴らしいものを作ることができます。私がコミュニティを運営しているのは、そんなコラボレーションの機会を提供するためです。

ここ数年の私の経験では、私にとってコミュニティを立ち上げる方法はより速く学ぶための最も効果的な手段であるといいきれます。同時に、機械学習の勉強が「より楽しく」なります。コンピュータの前に座って問題を解決する作業は孤独です。基本的に私がコンピュータで機械学習に取り組んでいるときは、私の周りのものはすべて消えてしまいますから。多くは集中力が必要な孤独な作業なのです。

毎週または2週間に1回、別々なエンジニアたちと共に機械学習プロジェクトに取り組めることは非常に重要な機会だと思います。

―― どういった経緯で始められたのですか？

1年ぐらい前から少しずつ、はじめはとても小さく、ちょうど共同創業者の2人で始めたスタディグループがきっかけです。

最初の6カ月間は週に2回、1回5時間程度、コードを書き続けました。時間が経つにつれて、どんどん多くの人たちが加わりました。2週間後、メンバーは5、6人に増えました。その後、10人になり、100人になり……そして今の形があります。現在は最新技術のGAN（生成モデル）など、とても高度な技術ワークショップを開催しています。

そこにはエンジニアのインストラクターがいて、特定のアーキテクチャを機械学習で実装する方法を教えてくれます。たとえば、生成的な敵対的ネットワークとは何か、それをどのように実装するのか、複雑なアーキテクチャも丁寧に教えます。顔認識の数理モデル解説、顔認識システムの実装方法、顔認識やオブジェクト検出に必要なデータとは何か、どのように特定のAPIを使用するのか、AI論文の読み方など、複雑なトピックにもチャレンジしています。通常、1回のミートアップに20〜30人のAIエンジニアたちが参加しています。

AI業界には情報共有をしたいと思っている人たちが多く、ミートアップではたくさんの人たちと出会うことができます。出会った方とお話をしているときに、「他の人に教えることには興味がありますか。指導してみたり、他の人とプロジェクトを実施したりしてみませんか」とお誘いしています。驚くことに、お話をしたほとんどの方たちは、自分の成果物を共有したり、教えることにとても熱心になってくれたりします。AIエンジニアは他人を教えたいというサポートの心と優しさを持っています。

――1〜2年後、このコミュニティがどうなると見ていますか。

今後ますます多くの人たちが参加し、私たちのムーブメントは加速してくると思います。ニーズはしっかりあると思います。

2019年にはテクニカルなワークショップの開催を続ける予定です。より高度なテクニカルミートアップを目指します。ディープラーニングに焦点を当てながら、コンピュータビジョンから、さまざまな技術分野と新しい種類のアーキテクチャを実装しようと思います。秋からは自然言語処理のイベントを計画します。主にディープラーニングを用いた手法を皆で勉強します。

今後コミュニティが成長し続けることを願って、皆のコラボレーションの基で素晴らしいものを一緒に築いていきたいと思っています。これは日本のAIエコシステムを構築するだけでなく、あらゆる種類の人たちを巻き込み、周囲の人にAIを教えることによってより大きく、加速していくと思います。

スザッナさん運営のコミュニティ「Machine Learning Tokyo」

コードを書く・技術ブログを読む・GitHubに親しむことを日常のルーティンに

――お薦めの書籍や学習方法、スキルとキャリアを向上させるサイトやコミュニティはありますか?

『深層学習』(イアン・グッドフェロー著、KADOKAWA)です。東京大学の松尾研究室がこの非常に厚い本をすべて日本語に翻訳したと思いますが、この本は良書ですね。

実は、私が東京大学で協業している研究者たちは、松尾豊先生の研究室の人たちです。その本を日本語で読めるなんて素晴らしいことです。これは、おそらく最高水準の作品です。私もときどき何かを調べたいときにはその本を開きます。本当に良い作品です。

実際にAIエンジニアとしてスキルを積むには、とにかくコードを書くこと、機械学習についてのブログを読むこと、そしてGitHubのレポを読むことがまずは基本となるでしょう。これらが、技術や問題解決のスキルを向上させるための日々のルーティンの一部でなければなりません。他にも最新のニュースについては、TwitterでAIエンジニアやデータサイエンティストとして活躍する人たちをフォローし、タイムリーに情報収集できるようにしています。こういった人たちのTwitter、そしてブログ、仕事、メディアの記事をフォローすること、AIエンジニアたちのコミュニティに参加することは本当に良い情報源だと思います。

もちろん、ビデオチュートリアルや書籍などの問題集にトライしてみるのも良いでしょう。私にとっては、良いソースでした。

独自に開発したチャットボットにフィードバックが集まる

── 個人的なキャリアの目標は何ですか?

私のキャリアのゴールは、価値を生み出すクリエイティブで感情を認識する会話型AIの構築です。しかし、これは長期的な目標です。長期的な観点と自然言語処理の発展の観点から、口語で会話できるAI、会話システム、対話システム、チャットボットなどを続けて研究開発したいと考えています。自然言語の中で重要な要素は、会話の中の創造性、私のPh.D.課程でフォーカスしている感情認識エンジンです。

最初にロジック内で感情を認識、識別し、次に文脈上の感情を予測できるようにします。次に、システムが適切かつ自然な方法で応答できるようにしていきます。感情コンピューティングの先駆者であるロザリンド・ピカード氏は、実際に感情や共感を生み出すシステムについて発表しています。それを作り出すことは非常に難しく大きなプロジェクトです。私自身はその開発プロジェクトの中のごく一部を担当することになるでしょう。

── 少し前に、ご自身でチャットボットを構築して、ソーシャルメディアに投稿していましたね。さまざまな面白いフィードバックを得たんじゃないでしょうか。

はい。多くの反応をもらうことができ非常に驚きました。遊びの要素が入った気まぐれなチャットボットのようなものでしたから。このチャットボット「Sarcastobot」はハッシュタグされた気まぐれな内容のTwitterデータで構築したんです。

ユーザーがそれに対してどのように反応するか、どのような環境であるか、ユーザーはランダムなチャットボットのようなものに対してどのように反応するのかが興味深かったです。結果として1万トランザクションを得ることができ、内容は非常に興味深いものでした。

難しく複雑な分野で、ユーザーとチャットボットの間での会話をどうデザインできるかについて知る貴重なデータとなりました。意思、感情、特定のトピック、特殊な言語マーカーなど、さまざまなものが含まれます。私は研究の観点から、ユーザーがどのように反応するのかに興味があったので、このような気まぐれな要素を使った自動会話を作成しました。

それから自然言語処理のクリエイティブAIについて少し紹介させてください。私は現在、生成モデルとLSTMを使ってテキストを生成するというプロジェクトに取り組んでいます。私たちはこれに命を吹き込むために一生懸命取り組んできました。YouTubeも制作予定です。その中で、会話型スピーカー、ビデオ、ビジュアルプレゼンテーションを制作しています。

── 日本ではキャリアをデータサイエンティストに変えたい多くのバックエンド開発者がいますが、その人たちへアドバイスをいただけますか。

Pythonで毎日機械学習コードを書くことでしょうか。エンジニアリングのバックグラウンドをお持ちであれば、スタート地点としてPythonは最適だと思います。とても簡単に習得できますからね。

── スザッナさんは言語学を専攻していて、もともと科学専攻ではなかったですよね。バックエンドの開発者の多くは数学に携わっていると思うのですが、数学的な知識は必要ありませんでしたか?

難しい質問ですね。これに対しては多くの異なる意見があると思います。機械学習の研究や、学問的なアプローチまで踏み込むのであれば数学は本当に重要だと思います。ただ、そうでなくてもいくつかの基本原則についてはしっかりと理解しておく必要があると思います。基本的な線形代数、行列、ベクトルとは何か、ディープラーニング概念はその中でどの位置に適合するのかなど。いろいろなことがありますが、少なくともその基礎は理解するべきです。私も研究に関連する数学は学んでいます。ただ、私はディープラーニングの応用に焦点を当てているので、最適化やディープラーニングのアーキテクチャに関する理論的な研究はしていません。それは私の専門分野ではありませんし。私はそれらの技術が応用されている事例に視点を当てています。

AI業界への女性進出

── 悲しいことに、女性は機械学習において過小評価されています。個人的な意見ですが、多様なAI構築を目指すには多種多様な背景、マインドによって構築されることは非常に重要に思います。あなたの機械学習コミュニティに参加している女性は何人ぐらいいますか?

はっきりとした数字はいえないのですが、10〜20%ぐらいかなと思います。

── そうなんですね。このミートアップに、もっと女性に参加してほしいという思いはお持ちですか?

もちろんです。ですから一度、女性に特化したミートアップを企画しました。そのときは100人ぐらいの参加がありました。うち50%が女性でした。

大変多くの女性とお話をすることができ、多くの女性がAIやエンジニアとしてのキャリアを追求することに興味を持っていました。

女性に特化したミートアップ「WOMEN IN TECH」

── 日本人女性開発者と外国人女性開発者を比較して違いはありますか?

それはないと思います。AIに参入するにあたっては、多くの方法があると思います。エンジニアでも良いし、構築されたディープラーニングを応用した分析側でも参入できます。統計スキルを持っている人たちもたくさんいるでしょう。統計はデータサイエンスに取り組むにあたってとても良いバックグラウンドです。

純粋に技術から離れてみた場合でも、AIのスキルと知識があればとても有益だと思います。AI業界内にもっと女性が増えると良いなと思います。

「未来の一部になれる」のがAIエンジニアの面白さ

── 日本の雇用市場はヨーロッパの雇用市場と比べてより活発であると思いますか?

単純に比較することができないので、どちらが活発だとはいいきれません。たとえば、ロンドン、ベルリン、パリを見てみると、それらの都市で本当に素晴らしい技術が実在します。非常に面白いことがたくさん起きているので、それらを比較することはできないです。私が話すことができる内容はあくまで個人的な考え方だけです。

日本では特にロボット工学とAI産業とそれに準ずる人材が多いと感じます。彼らにとって非常にエキサイティングな雇用市場だと思います。

── 給料面についてはどう思いますか?

それは比較方法によって違うと思います。単純に給与の額をアメリカと比較すると低いかもしれませんが、たとえばサンフランシスコと比べると東京での生活費のほうが低いでしょうから、必ずしも低いとはいえません。

── では、日本で働く利点は何だと思いますか?

私は、緻密かつ辛抱強く練られた戦略や計画を実行する日本のワーキングカルチャーを高く評価しています。これは特定の企業のことではなく、私が日本で経験した全般的な話です。実行する前にすべてが非常によく計画されています。その後、少し時間がかかるかもしれませんが、実行される際の手法も的確です。非常に勤勉に、規律を持って働くということです。

── 私たちは働きすぎだと思いますか?

自分が働きすぎているかどうかは、自分自身で判断しないといけないと思います。私にとって日本の環境は本当に良いところです。

── ありがとうございます。最後に、読者に向けてメッセージをお願いします。

今回私がお話したことは、AIに興味がある人がとてもエキサイティングに感じてくれる内容だといいなと思います。

先ほどお話したように、この領域に入るにはさまざまな方法があり、AIについて知っている人が増えてくることによって、AIは神話ではなくなっていきます。AIとは何か、どうやって使うのか、データがいかに重要であるのか。多くの人たちが知識を持つことが、エンジニアとっても良いことだと思います。もっと多くの人たちにAIの楽しさを知ってもらい、構築することを応援したいと思います。

第1部　仕事編

第4章

勉強法Hack——Team AIが太鼓判を押すコンテンツリスト

AIエンジニア、データサイエンティスト、研究者など、AI関連の職種について見てきました。では、その職種に就くにはどのような勉強をすれば良いでしょうか。お薦めの書籍やビデオコース、スクール、イベントなどを紹介するとともに、AI業界でキャリアアップするためには何が必要かについて説明します。

勉強会に参加して業界の全体像をつかみ、勉強仲間を見つけよう

勉強を効率的に進めるには、積極的に勉強会に参加し、効率良く情報を収集しながら、切磋琢磨し合える仲間を見つけることが大切です。

イベントに参加し、AIの全体像を理解する

書籍やビデオコースを使って自分で学習することも重要ですが、まずは勉強会などのイベントに参加してAIや機械学習について概要をつかむことをお勧めします。他の参加者といろいろと話すことで、最新の技術傾向や今ホットな話題などの情報を得られるだけでなく、自分がどのような位置付けにあるのか、どのような分野を中心に学習をすれば良いのかといったことを理解できるからです。イベントに参加してAIに関する業界の全体像をつかんだ上で、学習をスタートするのも良いでしょう。

東京都内では、AIに関連する勉強会などのイベントが毎月100以上開催されています。参加費がかかるものもありますが、多くが無料です。勉強会に積極的に参加することは、コストパフォーマンスが高く効率的な勉強方法のひとつといえます。次ページに示すイベント管理サイトで興味のある勉強会を検索してみましょう。

自分で勉強会を開催する

参加するだけでなく、自分で勉強会を開催することもひとつのやり方です。勉強会を開催し、参加者と一緒に学ぶことが一番の勉強法になります。

手始めにAIに関する書籍の読書会を開くと良いでしょう。課題図書を決定し、参加者が持ち寄って第1章から順に読み進めます。途中でわからないところが出てきたら、参加者同士で教え合ったりディスカッションしたりすることで、理解が深まります。特別な準備はいりません。日時と場所（カフェや喫茶店など）を決め、前述のイベント管理サイトで参加者を募ります。多くの参加者を集める必要はなく、4、5名から手軽に始められます。同様に、もくもくとプログラミングをする「もくもく会」も、運営側の手間がかからず、軽めのイベントとしてお薦めです。

●代表的なイベント管理サイト

connpass

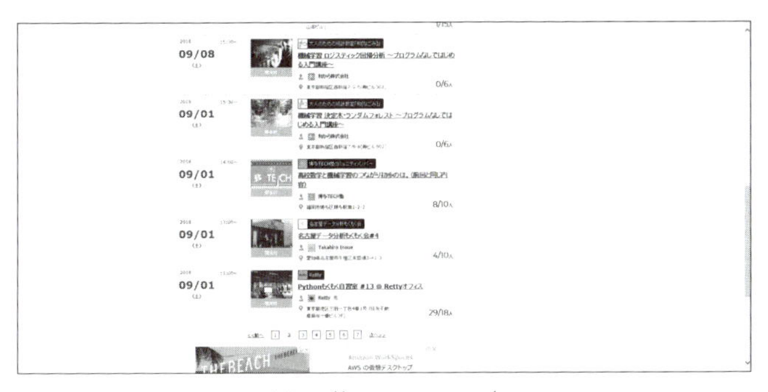

https://connpass.com/

Doorkeeper

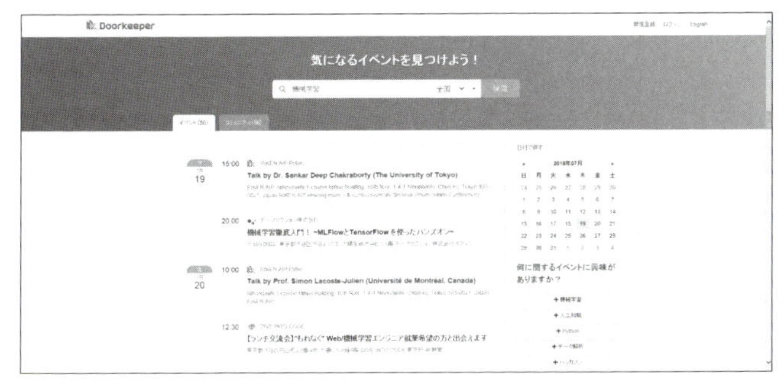

https://www.doorkeeper.jp/

TECH PLAY

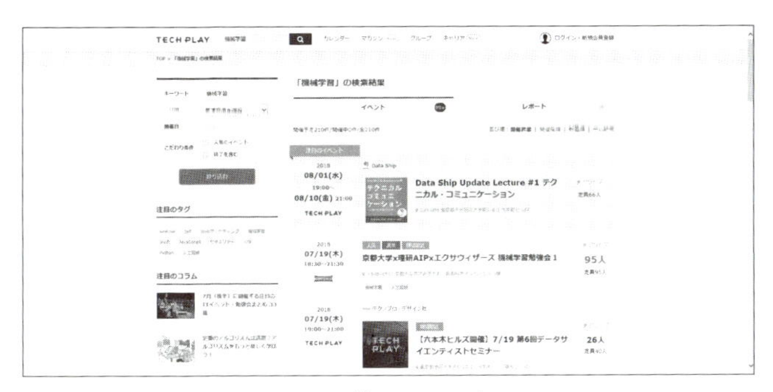

https://techplay.jp/

勉強仲間を作ろう

勉強会への参加には、効率的な学習が可能であることに加え、もうひとつ大きなメリットがあります。イベントを通じ、一緒に勉強をする仲間を作れることです。

AIの知識やスキルの習得は、決して簡単なことではありません。最低でも1年、時にはそれ以上の時間がかかります。AIの仕事ができるようになるには、長い時間をかけて計画的に学習を進めていく覚悟が必要です。

AIは今大きな注目を集めています。ブームといっても過言ではなく、AI関連の仕事は華やかで楽しそうに見えます。そこで興味を持って勉強を始めても、わからないことがたくさん出てきて、途中で諦めてしまうケースが少なくありません。そのため、自分と同じレベル、あるいは少し上のレベルにいる人と仲良くなり、勉強仲間になりましょう。情報を交換したり、わからないことを教え合ったり、時には直接会ってお互いを励ましたりといったことを行いながら、モチベーションを維持し、勉強を進めることが大切です。

書籍やビデオコースで基礎理論を学習し、コーディングしてみよう

AIや機械学習について勉強するには、まず基礎理論を学び、実際にコーディングをしてみることが重要です。

まずは書籍を読んでみる

勉強会に参加するだけでなく、書籍などで基礎理論を学習することも大切です。まずは大型書店に出向き、自分のレベルと興味に合いそうな10〜20冊を手に取り、そこから5冊くらいを購入しましょう。

最近、AI関連の書籍が増えています。たとえば、機械学習でも「画像認識」「音声認識」「自然言語処理」などの分野があり、難易度もさまざまです。あまりに多すぎてどれを選んで良いかわからない場合は、本書でお薦めする書籍を探してみてください。

書籍を購入したらまずは読み込みます。わからない用語などがあったら、きちんと調べて理解することが大切です。

無料のビデオコースで学習しよう

YouTubeには、さまざまなビデオコースがアップされています。大半のコースが無料です。まずは10〜20本を観てみましょう。ビデオコースは、自分のペースで学習ができるので、お薦めです。

たとえば、「機械学習」で検索すると、入門者、初級者向けのコースもたくさん見つかります。さらに学習が進んだら、「画像認識」や「自然言語処理」などの用語で検索してみると、興味深いビデオが数多くヒットします。

実際に手を動かしてみる〜コーディングにチャレンジ〜

書籍やビデオコースで基礎理論を3割くらい理解できたなと思ったら、実際に手を動かし、コーディングにチャレンジします。

書籍にサンプルコードが掲載されていたら、自分でコードを入力して動かして

みましょう。最初は失敗するかもしれません。しかし、コーディングして試行錯誤を繰り返し、プログラムを動かしているうちに、どのような理論で動いているのかアルゴリズムの中身を知りたくなります。そこから書籍の理論の解説部分を読み直すことで、理解を深めることができます。

最初に数学など基礎理論を一通りしっかりと理解してから、コーディングに入りたいと思うかもしれません。経験がなければ、そう思うのも当然でしょう。しかし、基礎理論の学習途中でつまずいてしまい、挫折するケースも多々あります。理論はざっと概論を理解し、早めにコーディングしてみるというのは実際に効果的な学習方法です。たとえば、数学のわからない箇所は逆引きして理論書を読むと時間の短縮になります。

英語を勉強すると有利 ― お薦めの勉強法は？ ―

AI人材を目指すには、英語がわかるほうが有利です。お薦めの勉強法を紹介します。

最新情報の9割は英語

AIに限らず、英語などの外国語を習得することはIT技術全般の習得にも有利に働きます。AIに関しては、技術革新が毎日のように起こっていますが、日本語で得られる情報はわずか1割にも達しません。9割以上の情報は、英語で発信されているのです。すなわち、英語がわからなければ、最新情報の9割はスルーすることになります。逆に、英語がわかるなら、情報収集力は10倍以上アップするということです。

情報収集力が高ければ、注目の論文や生産性を上げるツールなど、自分にとって有効な情報を取得できます。英語を学ぶことが自分の仕事の効率化に役立つのです。

英語についてはいろいろな学習方法がありますが、本書では2つお薦めします。

イングリッシュブートキャンプ

短期集中型の学習プログラムで、国内外でさまざまなものが実施されています。たとえば、フィリピンのセブ島で2週間英語の特訓を行うコースなどがあります。15万円ほどで徹底的に英語を学習できるため、費用対効果が高くお勧めです。

スカイプ式英会話

ブートキャンプで英語を勉強しても、使う機会がなければ忘れてしまいます。そこで、週に1、2回英語で会話することで、きちんと記憶に定着させ、身に付いたスキルにします。

スカイプ式英会話もさまざまなプログラムがあります。たとえば、DMM英会話やレアジョブ英会話ではマンツーマンのレッスンをスカイプで受けられ、さらに1レッスン当たりの料金が低いです。

●代表的なスカイプ式英会話サイト

DMM英会話

https://eikaiwa.dmm.com/

動画配信事業などで知られるDMMが運営するオンライン英会話サービス。1レッスン150円からマンツーマンの受講が可能。

レアジョブ英会話

https://www.rarejob.com/

スカイプを利用しオンラインでフィリピン人講師による英会話授業を受けることができる。1レッスン129円からマンツーマンの受講が可能。

これだけは読んでおきたい! お薦め書籍9選

ここでは、初級者、中級者、上級者のレベル別に読んでおくべき書籍を紹介します。

初級者向け

『人工知能は人間を超えるか ディープラーニングの先にあるもの』

著者：松尾豊
2015年、KADOKAWA、ISBN 978-4-04-080020-2

目次

はじめに	人工知能の春
序章	広がる人工知能 —— 人工知能は人類を滅ぼすか
第1章	人工知能とは何か —— 専門家と世間の認識のズレ
第2章	「推論」と「探索」の時代 —— 第1次AIブーム
第3章	「知識」を入れると賢くなる —— 第2次AIブーム
第4章	「機械学習」の静かな広がり —— 第3次AIブーム①
第5章	静寂を破る「ディープラーニング」 —— 第3次AIブーム②
第6章	人工知能は人間を超えるか —— ディープラーニングの先にあるもの
終章	変わりゆく世界 —— 産業・社会への影響と戦略

日本のトップクラスのAI研究者、東京大学の松尾豊特任准教授が執筆した書籍です。AIに関する最新の研究事例が掲載されており、AIとは何かをわかりやすく解説しています。入門者がAIに関する学習を始めるときに読むのに適しています。

『60分でわかる！機械学習&ディープラーニング 超入門』

著者：機械学習研究会、監修：株式会社ALBERT データ分析部 安達章浩、青木健児
2017年、技術評論社、ISBN 978-4-7741-8879-9

目次

Chapter 1	今さら聞けない！　機械学習の基本
Chapter 2	未来の話じゃない！　実用される機械学習
Chapter 3	そうだったのか！　機械学習のしくみ
Chapter 4	機械学習をビジネスに導入する
Chapter 5	機械学習ビジネスの未来

機械学習とディープラーニングに関する基礎知識を幅広く解説している書籍です。現在では、ビジネスにおいても機械学習の基本について理解していることが求められる時代です。たとえば、文系出身者が機械学習に関して基本を身に付ける際に読むと役立ちます。

『データサイエンティスト養成読本　機械学習入門編』

著者：比戸将平、馬場雪乃、里洋平、戸嶋龍哉、得居誠也、福島真太朗、加藤公一、関喜史、阿部厳、熊崎宏樹

2015年、技術評論社、ISBN 978-4-7741-7631-4

目次

機械学習に関して技術的な概要を学べる書籍です。解説がわかりやすく書かれており、機械学習を学ぶ際に最初に読むべき技術書です。

中級者向け

『ゼロから作るDeep Learning ― Pythonで学ぶディープラーニングの理論と実装』

著者：斎藤康毅

2016年、オライリー・ジャパン、ISBN 978-4-87311-758-4

目次

ディープラーニングは機械学習の一種で、TensorFlowなどのライブラリを使って実施します。この書籍は、あえてライブラリを使わずにディープラーニングを実施することで、その仕組みを深く理解しようとしています。画像認識を行うためのエクササイズが用意されており、畳み込みニューラルネットワークなどが実装レベルで理解できます。

『仕事ではじめる機械学習』

著者：有賀康顕、中山心太、西林孝
2018年、オライリー・ジャパン、ISBN 978-4-87311-825-3

目次

第Ⅰ部 1章 機械学習プロジェクトのはじめ方
2章 機械学習で何ができる？
3章 学習結果を評価しよう
4章 システムに機械学習を組み込む
5章 学習のためのリソースを収集しよう
6章 効果検証
第Ⅱ部 7章 映画の推薦システムをつくる
8章 Kickstarterの分析、機械学習を使わないという選択肢
9章 Uplift Modelingによるマーケティング資源の効率化

ディープラーニングに関する書籍ですが、機械学習やデータ分析をどのようにビジネスに活かすか、機械学習プロジェクトをどのように進めるかなどを「仕事」という実務的な観点でまとめています。機械学習全般や統計的な考え方を含むデータ分析について学ぶのに適しています。

『ゼロからはじめるデータサイエンス― Pythonで学ぶ基本と実践』

著者：Joel Grus、翻訳：菊池彰
2017年、オライリー・ジャパン、ISBN 978-4-87311-786-7

目次

1章 イントロダクション
2章 Python速習コース
3章 データの可視化
4章 線形代数
5章 統計
6章 確率
7章 仮説と推定
8章 勾配下降法
9章 データの取得
10章 データの操作
11章 機械学習
12章 k近傍法
13章 ナイーブベイズ
14章 単純な線形回帰
15章 重回帰分析
16章 ロジスティック回帰
17章 決定木
18章 ニューラルネットワーク
19章 クラスタリング
20章 自然言語処理
21章 ネットワーク分析
22章 リコメンドシステム
23章 データベースとSQL
24章 MapReduce
25章 前進しよう、データサイエンティストとして
付録A 日本語に関する補足

データ分析全般について解説する入門書です。数学や確率の基本、データの可視化といったデータの取得や操作など、機械学習に入る前に必要な知識に加え、k近傍法、ナイーブベイズ、線形回帰など機械学習の手法も一通り説明しています。また、Pythonについても解説しており、データサイエンスだけでなく、プログラミングについても経験がない人が機械学習について満遍なく学ぶのに適しています。

『線形代数キャンパス・ゼミ 改訂6』

著者：馬場敬之
2017年、マセマ出版社、ISBN 978-4-86615-055-0

目次

ベクトルと空間座標の基本
行列
行列式
連立1次方程式
線形空間（ベクトル空間）
線形写像
行列の対角化
ジョルダン標準形

大学数学の基礎となる線形対数の解説書です。高校数学レベルを前提とし、大学で数学の単位を取得することを目的としており、数学を苦手とする人にもわかりやすく丁寧に解説しています。また、解説文を読んだ後、例題、演習問題、実践問題を自分で解きながら勉強を進めていくことで、実践的な知識を身に付けることが可能です。

上級者向け

『はじめてのパターン認識』

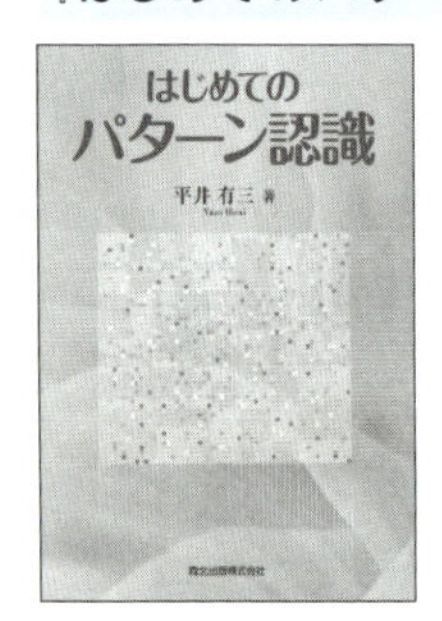

著者：平井有三
2012年、森北出版、ISBN 978-4-627-84971-6

目次

第1章　はじめに
第2章　識別規則と学習法の概要
第3章　ベイズの識別規則
第4章　確率モデルと識別関数
第5章　k最近傍法（kNN法）
第6章　線形識別関数
第7章　パーセプトロン型学習規則
第8章　サポートベクトルマシン
第9章　部分空間法
第10章　クラスタリング
第11章　識別器の組み合わせによる性能強化

パターン認識について基礎からわかりやすく解説しています。専門性が高く、初心者には難しい内容ですが、第3次AIブームが盛り上がる前に出版された名著です。いずれはこの書籍の内容を理解できるように、勉強の指針とすると良いでしょう。

『[第2版] Python機械学習プログラミング 達人データサイエンティストによる理論と実践』

著者：Sebastian Raschka、Vahid Mirjalili、翻訳：株式会社クイープ、監訳：福島真太朗

2018年、インプレス、ISBN 978-4-295-00337-3

目次

第1章　「データから学習する能力」をコンピュータに与える
第2章　分類問題 —— 単純な機械学習アルゴリズムのトレーニング
第3章　分類問題 —— 機械学習ライブラリscikit-learnの活用
第4章　データ前処理 —— よりよいトレーニングセットの構築
第5章　次元削減でデータを圧縮する
第6章　モデルの評価とハイパーパラメータのチューニングのベストプラクティス
第7章　アンサンブル学習 —— 異なるモデルの組み合わせ
第8章　機械学習の適用1 —— 感情分析
第9章　機械学習の適用2 —— Webアプリケーション
第10章　回帰分析 —— 連続値をとる目的変数の予測
第11章　クラスタ分析 —— ラベルなしデータの分析
第12章　多層人工ニューラルネットワークを一から実装
第13章　ニューラルネットワークのトレーニングをTensorFlowで並列化
第14章　TensorFlowのメカニズムと機能
第15章　画像の分類 —— ディープ畳み込みニューラルネットワーク
第16章　系列データのモデル化 —— リカレントニューラルネットワーク

名前の通り、機械学習プログラミングをPythonで実施するための書籍です。機械学習の理論や数学的な背景を網羅的に解説し、scikit-learnやTensorFlowなどのライブラリを使用してPythonでプログラミングを行います。ページ数が多く、実施する内容も決して簡単ではありませんが、どんどん手を動かすことで実践的なスキルを身に付けることができます。勉強会や読書会でも人気の書籍です。

お薦めのオンラインコース

第3章でも触れましたが、インターネット上にはさまざまなオンライン教材があふれています。無料のものもあれば、数千円程度で受講できるものもあります。ここでは、お薦めのオンラインビデオコースを紹介しましょう。

英語（有料／無料）

Coursera

Courseraは、データサイエンス、コンピュータサイエンス、ビジネス、情報技術などさまざまな分野のオンラインコースを提供するサイトです。初心者向けから上級者向けの専門課程まで、スタンフォード大学をはじめ、世界中の大学などが作成したコースを受講できます。コースを修了すると修了証を得られます（有料）。コースによっては大学の学位を取得できるものもあります。

サイトへの登録は無料です。受講料はコースによって異なり、場合によっては7日間の無料トライアルや一部無料聴講などを利用可能です。英語のコースが多いですが、なかには日本語の字幕が表示されるものもあります。

Courseraでは、スタンフォード大学のアンドリュー・ウ教授による「Machine Learning」コースがお薦めです。初心者向けに基礎を解説するだけでなく、コーディングの演習問題もあるため、基本を習得できる最も人気のあるコースです。英語ですが、日本語字幕があります。修了証以外は無料で利用できます。

●さまざまな分野のオンラインコースを提供する「Coursera」

https://www.coursera.org/

●スタンフォード大学の「Machine Learning」コース

https://ja.coursera.org/learn/machine-learning

Udacity

Udacityは、AI、データサイエンス、プログラミング、ビジネスなど豊富な分野のオンラインコースを受講できるサイトです。各コースは、MIT、スタンフォード大学、Google、IBMなど、有名な大学や企業が作成しています。無料と有料のコースがあり、無料コースでも一部の有料コースのビデオを無料でプレビューできます。コースはすべて英語です。期間が長いコースが多く、演習問題も豊富です。

●Udacityの「Intro to Deep Learning by Google」コース

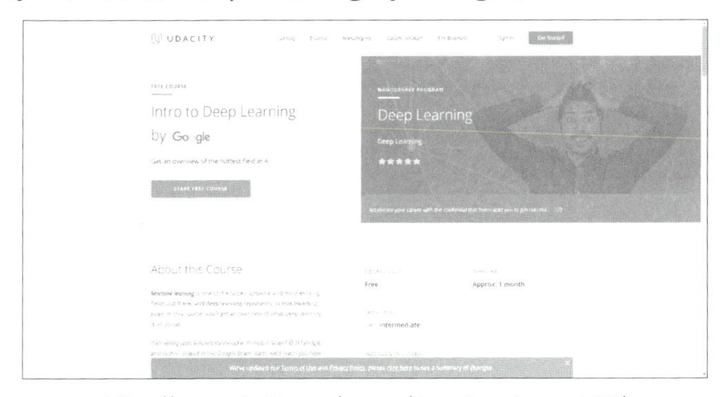

https://www.udacity.com/course/deep-learning--ud730/

fast.ai

fast.aiは、ディープラーニングのオンラインコースを無料で提供しています。「Deep Learning Part 1」「Deep Learning Part 2」「Computational Linear Algebra」という3つのコースがあり、いずれもビデオを観ながら演習問題を解くという形で学習を進めます。コースは英語です。

fast.aiの「Deep Learning Part 1」

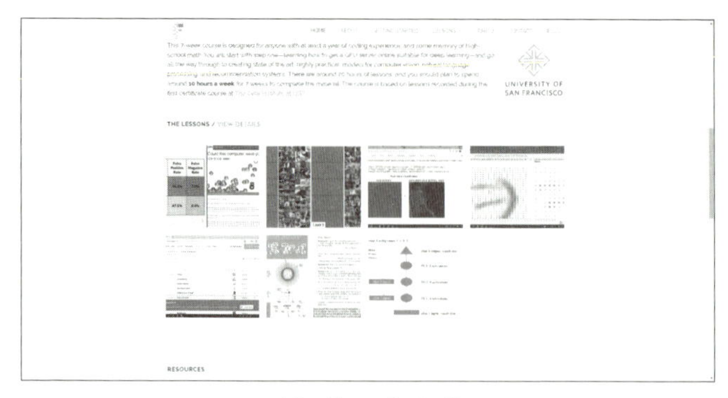

http://www.fast.ai/

日本語（有料）

Udemy

Udemyは、世界最大級のオンラインコースサイトです。分野数、コース数が豊富で、機械学習やPythonでも興味深いコースが数多くあります。

次のようなコースがお薦めです。

【キカガク流】人工知能・機械学習 脱ブラックボックス講座（初級編、中級編）

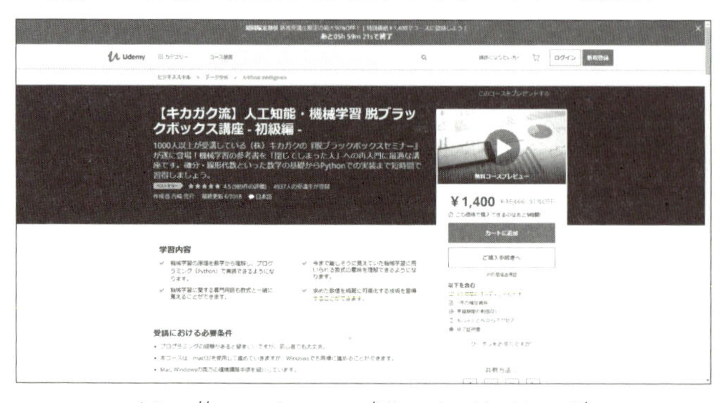

https://www.udemy.com/kikagaku_blackbox_1/

機械学習の教育・コンサルティング事業を行う株式会社キカガクが実施している人気セミナー「脱ブラックボックスセミナー」を基にしたコース。機械学習に必要な数学を基礎から解説し、Pythonによるコーディングを行う。初心者向けだが、短時間で実践的な知識を習得できる。

●実践Python データサイエンス

https://www.udemy.com/python-jp/

世界で5万人が受講した人気のコース。Pythonを使って、データ処理や機械学習のライブラリを利用したプログラミングを行う。

PyQ

PyQは、Pythonの学習サイトです。受講者は自分で環境を構築する必要がなく、ブラウザ上でプログラミングを行いながらPythonを学ぶことができます。Pythonの基礎、Webアプリケーションの構築、統計、データ分析・機械学習など、初心者向けから上級者向けまで豊富なコンテンツが用意されています。月額定額制でライトプラン(2,980円)、スタンダードプラン(7,980円)があります。

●PyQの「データ分析・機械学習入門」コース

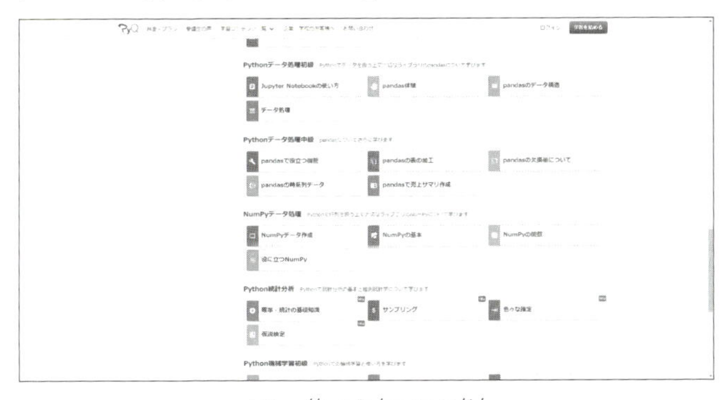

https://pyq.jp/courses/1/

YouTube

Machine Learning 15minutes!

Machine Learning 15minutes!は、機械学習のライトニングトークイベントで、毎回6〜9人の有識者が登壇し、15分で機械学習についてスピーチするというものです。このイベントの動画がYouTubeで公開されています。

カジュアルなイベントですが、GoogleやAmazon、AI企業の社長、大学の研究者などが自身が扱う技術についてアピールする場になっています。機械学習に関して最先端の情報を得られる貴重な機会といえます。

●MachineLearning15minutes-Channel-

https://www.youtube.com/channel/UC24lruABcAwiTJAe-sD1Hew

全脳アーキテクチャ若手の会WBA FutureLeaders

全脳アーキテクチャ若手の会は、脳や人工知能、その最新研究について興味がある人のためのコミュニティです。勉強会やライトニングトークイベントなどさまざまな活動を実施しており、その様子をYouTubeで公開しています。大学院生や社会人数年目の若手が中心であり、Machine Learning 15minutes!よりも学術的な話題が多く、将来的にどのような技術が来るかといった情報を得られます。

●全脳アーキテクチャ若手の会WBA FutureLeaders

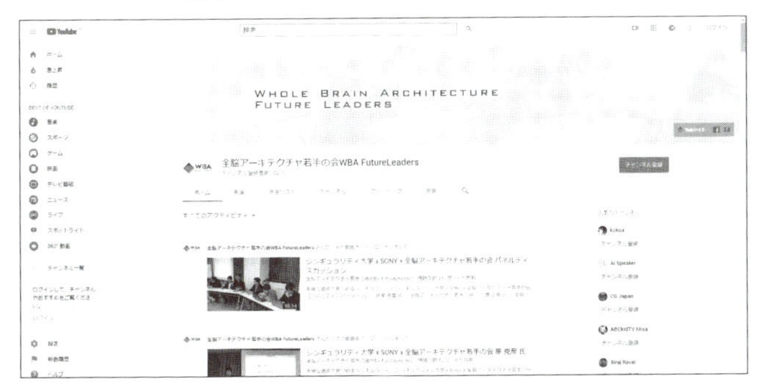

https://www.youtube.com/channel/UC_fG5HjRkF4urW0ne-qiVcg

長岡技術科学大学 自然言語処理研究室

機械学習では画像認識がよく取り上げられますが、自然言語処理も人気のある分野です。長岡技術科学大学 自然言語処理研究室は学会発表や勉強会の様子をYouTubeで公開しており、自然言語処理に関する研究成果をまとめて閲覧できる貴重な情報源となっています。

●長岡技術科学大学 自然言語処理研究室

https://www.youtube.com/user/jnlporg

Kaggleでコンペティションに参加し、実践力を磨こう

Kaggleでは、さまざまなデータセットを利用して分析を実施できます。Kaggleの活用方法を紹介します。

Kaggleとは？

第3章でも紹介しましたが、Kaggleはデータサイエンティストとエンジニアのためのコミュニティサイトです。2010年に設立されたKaggle社によって運営されていましたが、2017年、Googleによって買収されました。ハンズオン、データセットなど学習に活用できるコンテンツを数多く提供しているほか、コンペティションに参加することで実践的な学習を行うことができます。ここでは、Kaggleについてもう少し詳しく見ていきましょう。なお、Kaggleを利用する場合、事前にアカウントを作成する必要があります(無料)。

データセット

機械学習にはデータが必要です。Kaggleでは、ユーザーがさまざまな産業分野のデータセットを投稿しています。また、これらのデータセットをダウンロードし、データ分析に活用可能です。

●Kaggleのデータセットの一覧

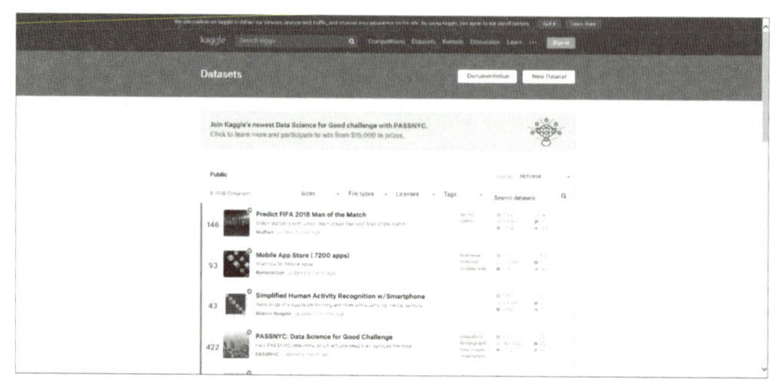

https://www.kaggle.com/datasets

カーネル

Kaggleは、ブラウザベースの機械学習環境です。RとPythonをサポートしており、Jupyter Notebookに似たツールを利用できます。

ユーザーは、事例別にデータセットを取得し、分析や予測を行った結果をKaggleに投稿できます。投稿された結果を参照し、そのやり方が参考になったなどの理由で気に入った場合は、その投稿に投票（Vote）することが可能です。カーネルには投稿の一覧が表示され、投票数が多いほど人気があることがわかります。

また、参照した分析結果のスクリプトをフォークすることで、それをベースに自分で分析や予測を行うことができます。

Kaggleには、初心者向けのチュートリアル用に「Titanic: Machine Learning from Disaster」というデータセットが用意されています。「タイタニック号の乗客で誰が生き残るか」を予測するためのものです。

●「Titanic: Machine Learning from Disaster」

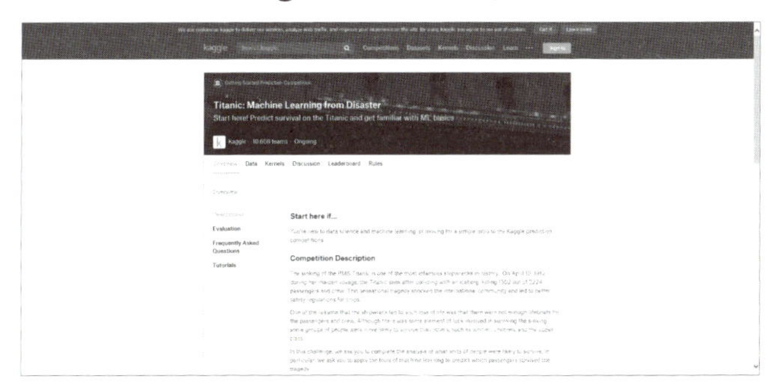

https://www.kaggle.com/c/titanic

［Kernels］タブをクリックすると、このデータセットに対して行われた分析結果の一覧を参照できます。右のリストボックスで［Most Votes］を選択すると、投票数の多い順にソートされます。

また、右上の［New Kernel］をクリックすると、スクリプトまたはノートブックを生成して新しく分析を始めることができます。

●投票数の多い順で表示

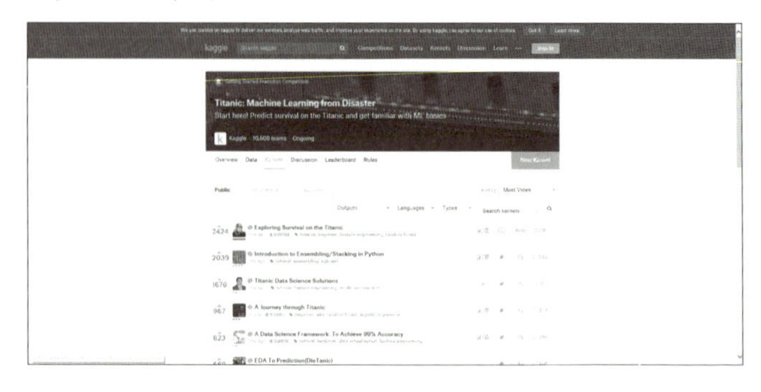

最も投票数の多い分析結果を見てみましょう。

●タイタニック号の課題に対する分析結果の例

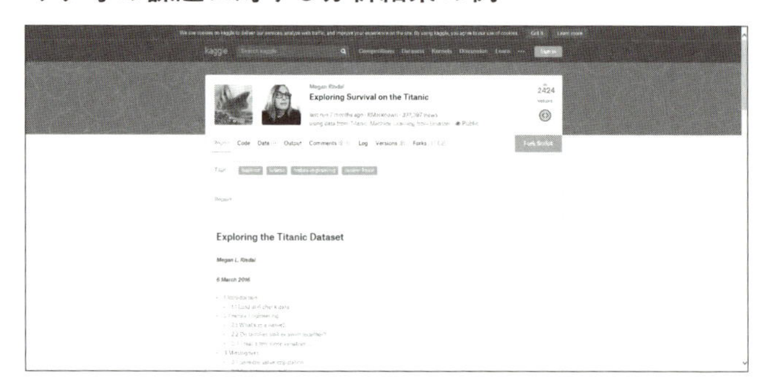

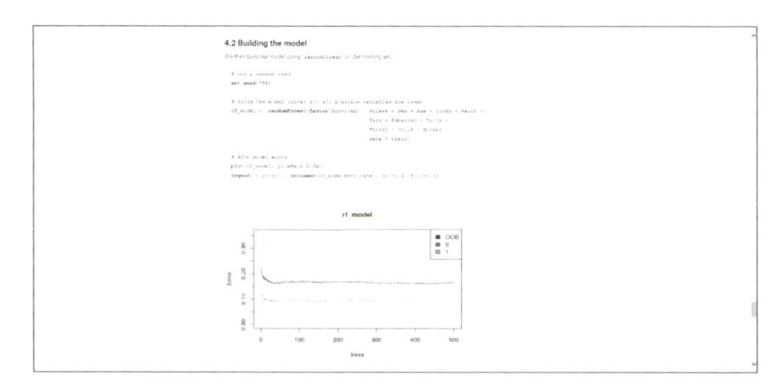

データをどのように処理し、モデルを作成して、分析・予測を行ったかを参照できます。

右上の[Fork Script]をクリックすると、スクリプトがフォークされ、自分でコーディングができるようになります。まずは、人気の分析結果からスクリプトをフォークし、実際に自分で同じように分析・予測ができるかどうか試してみると、とても勉強になります。

コンテンツリスト

Kaggleの最大の特徴といえるのが、コンペティションです。多くの企業が賞金付きの課題を投稿しています。賞金は数百万円から1億円に上るものまでさまざまです。課題に対して分析結果を投稿すると、順位が付けられます。賞金を獲得できなくても、上位にランキングされれば、企業からスカウトされる可能性もあります。

●Kaggleのコンペティション

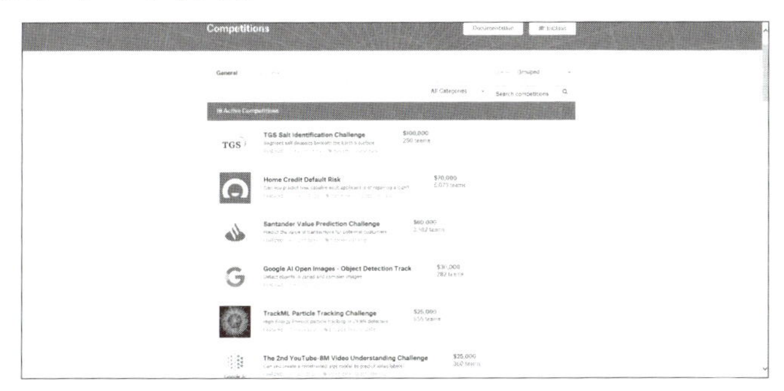

https://www.kaggle.com/competitions

日本企業では、メルカリやリクルートが賞金付きの課題を投稿しています。

●メルカリのKaggleでのコンペティション

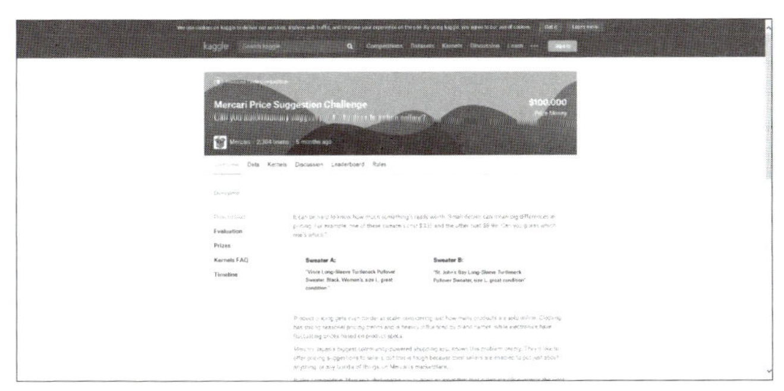

●リクルートのKaggleでのコンペティション

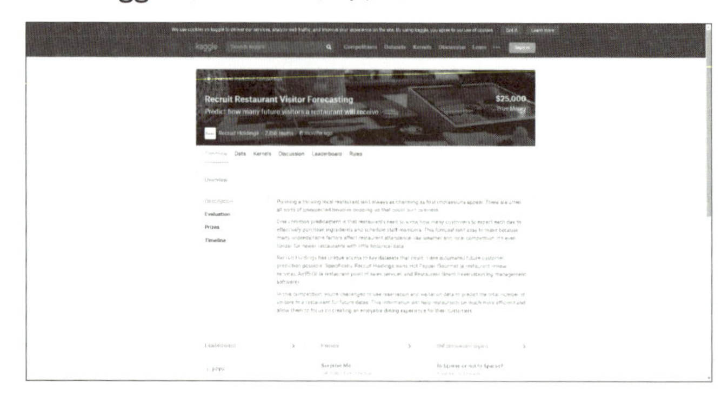

前述のタイタニック号のデータセットについても、コンペティションが行われています。[Join Competition]をクリックしてカーネルを生成すると、コンペティションに参加できます。分析・予測を行い、その結果を[Submit Predictions]で投稿するとすぐに評価され、スコアでランキングされます。

Kaggleのお勧め活用法

①事例集として研究してみよう

Kaggleには、金融、医療、マーケティング、行政など各種産業のデータセットが投稿されています。データの内容も画像、自然言語、時系列、位置情報などバラエティに富んでいます。それらのデータセットに対し、さまざまな方法で分析・予測が行われており、その結果が投稿されています。書籍やオンラインコースでは、一般的で抽象化された事例しか見ることができません。実務に近いような分析事例を見ることはとても勉強になるので、お勧めです。

②1つの課題を徹底的に解いてみよう

Kaggleでは、他のユーザーの分析結果を参照・フォークして分析できますが、一定のレベルに達したと感じたら、1つの課題にゼロから取り組み、徹底的に解いてみると良いでしょう。たとえば、ある課題にノーヒントで取り組み、試行錯誤して解くことでその手法を深く身に付けることができます。

③別の課題に応用してみよう

身に付いた手法を、今度は別の課題に応用できないか試してみましょう。たとえば、医療のデータを分析したモデルを金融データに利用したり、金融データに使った分析モデルを製造業に適用したりというように横展開していくと、自分の世界がどんどん広がっていきます。

④チームを組んで本気でコンペティションに参加しよう

最終的には、チームを組んで賞金獲得を目指し、コンペティションに参加しましょう。本気のチャレンジは、実力を大きく伸ばしてくれます。

スクールやイベントを利用して集中的に学ぼう

ここでは、お薦めのスクールやイベントを紹介します。

お薦めのスクールやイベント

2017年はAIスクールが増加した年でした。AIイベントも月単位で増加中です。

DIVE INTO CODE

DIVE INTO CODEは、「すべての人が、テクノロジーを武器にして活躍できる社会をつくる」ことをミッションとするプログラミングスクールです。入学するときには未経験でも、卒業するときにはプロのスタートラインに立てることを目標に、徹底的な指導を行います。

同社のエキスパートAIコースは、機械学習などの最新のAI技術を学び、企業に中途採用されるレベルを目指します。知識をより深く身に付けるために必要な総学習時間の目安は1,000時間以上です。12カ月のコースで毎日しっかりと勉強することで、確実に実力が付いていきます。

学習内容だけでなく、卒業後の支援が手厚いことも同社の特徴です。就業説明会や相談会、職務経歴書のレビューなど、就職・転職のためのサポートを受けることができます。

●プログラミングスクール「DIVE INTO CODE」

https://diveintocode.jp/

株式会社データミックス

株式会社データミックスは、「1企業1データサイエンスチーム」の実現というビジョンを掲げ、スクール、人材紹介、法人向け研修といった事業を行っています。

同社の「データサイエンティスト育成コース」は、未経験からデータサイエンティストとしてのキャリアを切り拓くことを目指しており、6カ月間で統計学、機械学習、コーディング、ビジネスといった広範なスキルを習得します。

●データミックスのデータサイエンティスト育成コース

https://datamix.co.jp/data-scientist/

和から株式会社

機械学習やデータ分析に携わるには、統計学の理解が必須です。和からは、仕事で統計学の習得を必要とする人向けに、大人のための統計教室「和(なごみ)」を開催しています。初心者向けの「統計超入門セミナー」などの少人数セミナーだけでなく、必要に応じて学習内容をカスタマイズできる個人指導にも対応しています。

●和からは大人のための統計教室を開催している

https://wakara.co.jp/service/personal_toukei

株式会社キカガク

株式会社キカガクは、機械学習関連のセミナーを開催しています。その中でも人気を博しているのが「人工知能・機械学習 脱ブラックボックスセミナー」です。微分・線形代数などの数学の基礎からPythonによる実装まで、機械学習に必要なスキルを2日間で集中して学ぶことを目的としています。前述の通り、このセミナーはUdemyのオンラインコースとしても提供されています。

最近では、Microsoft、ディープラーニングフレームワークのChainerを開発したPreferred Networksと協力して開催している「ディープラーニングハンズオンセミナー」が盛況です。より長期間のオンラインAI人材教育プラットフォームも開始しており、今後も注目したいスクールのひとつです。

●キカガクは機械学習関連のセミナーを開催している

https://www.kikagaku.co.jp/services/

数理学院

数理学院は中学生から社会人までを対象とする数学塾で、大学生・社会人向けに小学校算数から大学数学を教えるコースを用意しています。機械学習やデータ分析を学ぶ際に、初級から中級へ進む過程で数学の壁にぶつかり、諦めてしまうというのはよくある話です。数学に苦手意識があるなら、他の勉強を進めるためにも数学をしっかりと学び直すことをお勧めします。

●中学生から社会人までを対象とする数学塾「数理学院」

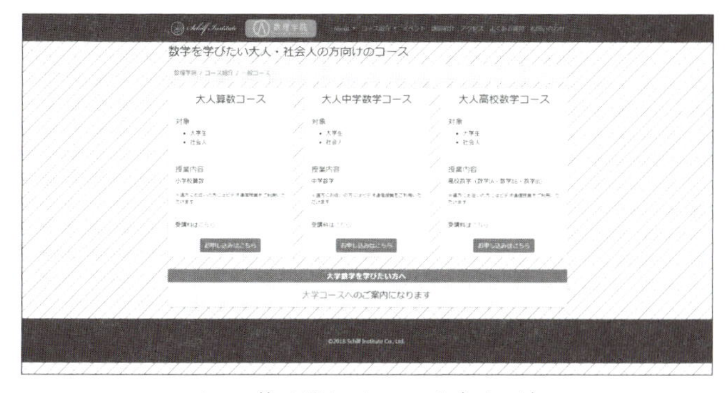

https://schilf-institute.co.jp/school/

Machine Learning 15minutes!

Machine Learning 15minutes!は、機械学習について6～9人の有識者が15分以内で語るというライトニングトークイベントです。毎月六本木で開催されており、毎回予約枠がすぐに埋まります。前述の通り、YouTubeで視聴できますが、イベントに参加すると生でプレゼンテーションを聴けるだけでなく、その後の交流会に参加し、情報交換ができます。カジュアルなイベントですが、そこで交わされるトークのレベルは非常に高いです。

●ライトニングトークイベント「Machine Learning 15minutes!」

https://machine-learning15minutes.connpass.com/

TensorFlow User Group

TensorFlowは、オープンソースの機械学習フレームワークです。そのユーザーコミュニティであるTensorFlow User Groupは、TensorFlowのアップデートに関するプレゼンテーション大会や交流会などのイベントを開催しています。3,000人規模の活発なユーザーグループで、TensorFlowはもちろん、機械学習に関してさまざまな情報を得られる場となっています。

●情報発信やイベント開催を行うTensorFlow User Group

https://tfug-tokyo.connpass.com/

Chainer

Chainerは、Preferred Networksが開発したディープラーニングフレームワークです。Chainerの開発チームは、Chainerに関するディスカッションやライトニングトークをするChainerミートアップなどのイベントを開催しています。

●Chainerの開発チームによるイベント

https://chainer.connpass.com/

Team AI

Team AIは、日本最大5,000人の機械学習コミュニティで、毎週渋谷でAI研究会とハッカソンを開催しています。参加費は無料です。本書の著者が主催者で、参加者の30%が外国人であることから国際交流できるのも魅力です。

●Team AIは参加費無料のAI研究会とハッカソンを開催

https://teamai.connpass.com/

Twitterで最新情報をチェックしよう

機械学習の情報収集にはSNSが便利です。なかでもTwitterはその手軽さ故に、多くの人が情報発信に利用しています。

フォローしておきたいTwitterアカウント

Twitterでレベルの高い情報を発信している人をフォローしましょう。ツイートの中にわからない用語が出てきたら、きちんと調べるようにすれば勉強にもなります。また、そういった人たちがフォローしている人もフォローしましょう。有用な情報が得られる可能性が高いです。Twitterでリストを作成すると便利です。

ここでは、お薦めのTwitterアカウントを紹介します。

DLHacks

東京大学松尾豊研究室、Deep Learning JPのメンバーが中心に運営しているアカウントです。ディープラーニングに関するニュース、論文・実装などをツイートしています。

https://twitter.com/dl_hacks

Sammy Suyama

機械学習に関してレベルの高い情報発信をしています。『ベイズ推論による機械学習入門』（講談社）の著者須山敦志氏のアカウントです。

https://twitter.com/sammy_suyama

arXivTimes

機械学習論文の勉強会「arXivTimes」のアカウントです。機械学習全般の新規性のある研究分野に関する最新情報をツイートしています。

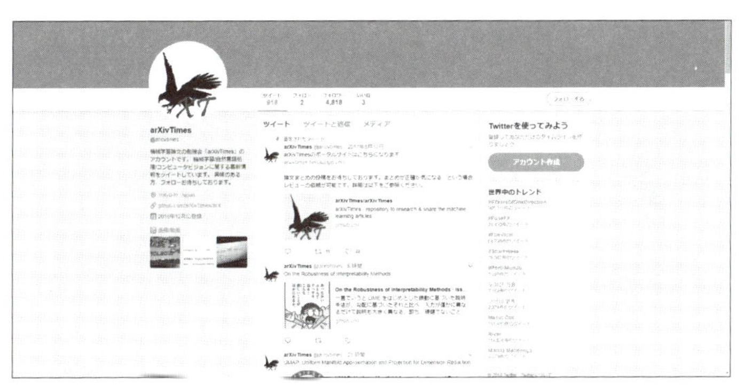

https://twitter.com/arxivtimes

piqcy

機械学習論文の勉強会「arXivTimes」の主催者久保隆宏氏のアカウントです。活発な登壇と技術書の自費出版もされています。

https://twitter.com/icoxfog417

Shinya Yuki

機械学習開発会社の株式会社Elix代表結城伸哉氏が情報を発信しています。Team AIとも親交が深い結城さんですが、シンガポール勤務経験での英語力を活かして、海外の学会を飛び回って、世界中の最新の技術情報を収集されています。通常、海外情報にコメントを付けて紹介されるので貴重な情報源です。

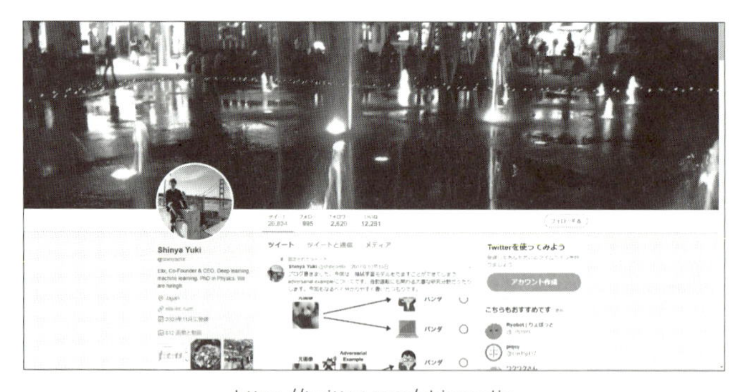

https://twitter.com/shinyaelix

Daisuke Okanohara

株式会社Preferred Networksの代表取締役副社長である岡野原大輔氏のアカウントです。以前に未踏スーパークリエーター認定を受けています。東京大学総長賞をはじめ、数多くの受賞歴があります。

https://twitter.com/hillbig

Ian Goodfellow

GoogleのAI研究チームであるGoogle Brainのリサーチサイエンティストのアカウントです。著書『深層学習』（KADOKAWA）が有名です。

https://twitter.com/goodfellow_ian

hardmaru

Google Brainのリサーチサイエンティストのアカウントです。日本にも造詣が深い方です。

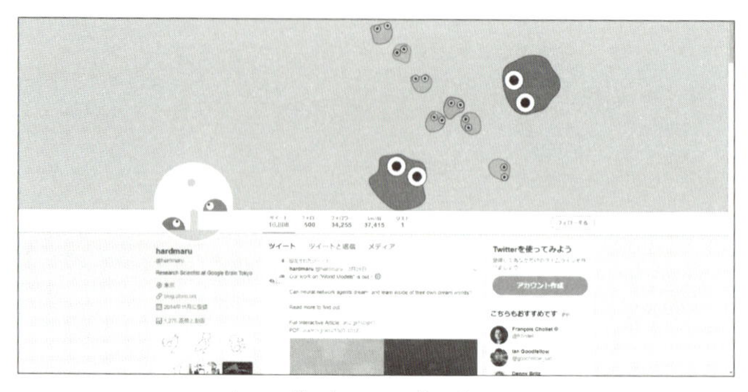

https://twitter.com/hardmaru

Ben Hamner

Kaggle社のCTOであるベン・ハムナー氏のアカウントです。初心者へのメンタリングなど、「Quora.com」での情報発信もあります。

https://twitter.com/benhamner

OpenAI

AI研究開発のNPO、OpenAIのアカウントです。OpenAIの設立には、ロケット開発や打ち上げなどの事業を行うスペースXのイーロン・マスク氏が参加していました。

https://twitter.com/openai

ブログ、Webサイト、その他

Twitter以外にもブログなどで興味深い情報が発信されています。

お薦めのブログ、Webサイト、その他

海外情報、技術者ブログ、AI企業のブログなどをバランスよく読んで情報収集しましょう。

Two Minute Papers

論文の内容を2分間で解説するビデオをまとめたYouTubeチャネルです。

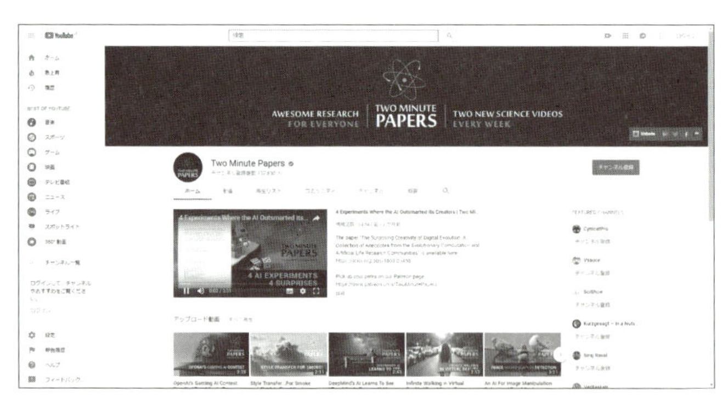

https://www.youtube.com/channel/UCbfYPyITQ-7l4upoX8nvctg

統計WEB ブログ

統計関係の情報を発信するブログです。

https://bellcurve.jp/statistics/blog/

六本木で働くデータサイエンティストのブログ

技術だけでなく、データサイエンティストとして現場で働く生の声などを発信する人気のブログです。

https://tjo.hatenablog.com/

DeepAge

「人工知能の今と一歩先を発信するメディア」として、機械学習、ディープラーニング全般の情報を発信しています。

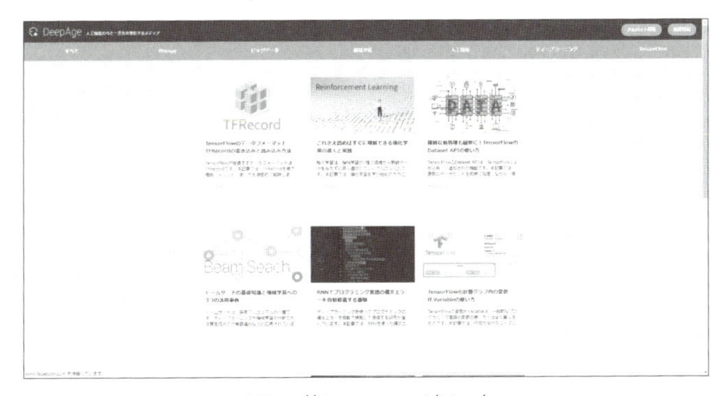

https://deepage.net/blog/

IMACEL Academy

ライフサイエンス×画像解析メディアとして主に画像解析技術に特化した情報を発信しています。エルピクセル株式会社が運営しています。

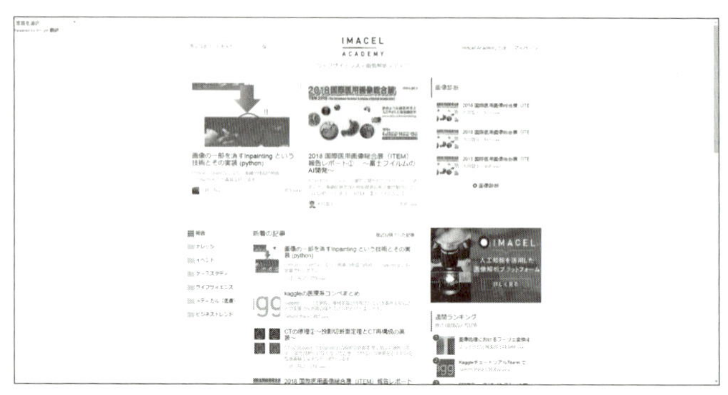

https://lp-tech.net/

HELLO CYBERNETICS

ディープラーニング、機械学習、強化学習、信号処理、制御工学などの情報について個人的にまとめているブログです。

https://www.hellocybernetics.tech/

マスログ

和から株式会社が運営する、数学と統計に関するブログです。

https://wakara.co.jp/mathlog

作って遊ぶ機械学習。

基礎的な確率モデルから最新の機械学習技術までを発信する須山敦志氏のブログです。

http://machine-learning.hatenablog.com/

Deep Learning基礎講座演習コンテンツ 公開ページ

東京大学で開催中の「Deep Learning基礎講座」のコンテンツが無料で公開されています。個人での勉強などに利用可能です。

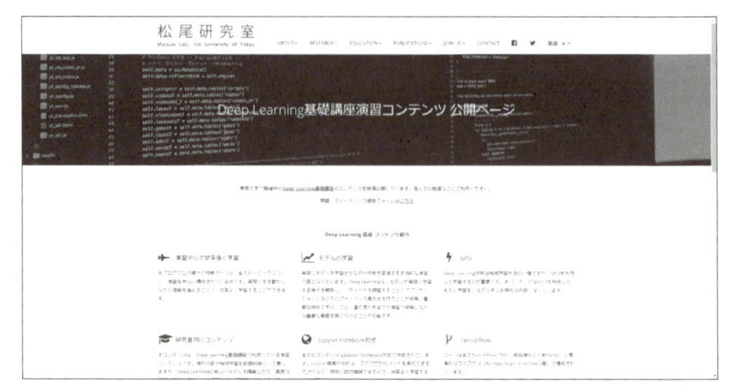

http://weblab.t.u-tokyo.ac.jp/deep-learning基礎講座演習コンテンツ-公開ページ/

Preferred Research

株式会社Preferred Networksによる研究ブログです。

https://research.preferred.jp/

ゲームAIに魅了され、エンジニアの道へ

大渡勝己

（聞き手：Team AI）

東大在学中にゲームAIの面白さに目覚め、没頭。卒業後も1年間ニート状態でコードをひたすら書く時代を経て、自身の「大貧民AI」を作り、UECdaコンピュータ大貧民大会で優勝。その後東京大学大学院に入学し、ゲームAI研究を経て、卒業後はHEROZ株式会社でエンジニアとして従事。現在はフリーランスエンジニアとしてスポーツ分野でAI開発に携わっている。訳書に『速習 強化学習 ――基礎理論とアルゴリズム――』（共立出版、共訳）がある。

将棋プログラム×ディープラーニングの世界

―― 現在はフリーランスでお仕事をされているとのことですが、どういったプロジェクトに携わっていますか？

現在は、主にスポーツ分野でのデータサイエンスやAI活用を支援するプロジェクトに携わっています。特にサッカーにおいてテクノロジーを活用していくというところですね。

以前はHEROZ株式会社で将棋プログラムの「Ponanza」のプログラムを書いていました。2017年の春に名人を破ったプログラムなんですが、ディープラーニングなどの新しい技術を使ってさらに強いAIを構築するということをしていました。

将棋プログラムってものすごく多くの局面を読むんです。それこそ先読みだけで1秒間に500万局面とかを読みます。

それはそれですごいんですが、それに対して直感が鋭いといわれているのがディープラーニング。ディープラーニングはものすごく「遅い」んですよね。といっても1秒間に多分、今1万5,000ぐらいの局面を見ていますが、この特徴の違う2つのプログラムが果たしてあわさるのか、ということを考えていました。わかりやすくいうと、大人がいろいろと計画を立てている中に子どもが入ってくるってどういう形なんだろう、ということです。

ゲームAIとの出会い

── ここからは、大渡さんの得意領域についてのお話を伺っていきたいと思います。まず、ゲームAIとの出会いについて教えてください。

はい。東大卒業後にゲームAIに没頭し、1年間は家で、いわゆるニートという形でAIを勉強しながらコードを書くということをひたすらやっていました。

── へえ。大学で専攻されていたのは?

大学では認知科学、脳科学みたいなことをやっていました。

── そこから、AIに興味を持ったきっかけは、何かあったんですか?

東大には「進振り」というシステムがあって、進む学科が主に成績によって決まるんです。脳科学も非常に面白かったんですが、自分自身は数学やプログラミングが好きだったということもあって、それでAI、特にゲームAIの世界に出会って、勉強してみようかなと思ったのがそもそものきっかけですかね。プログラミング自体は、小学生のときからやっていたので。

── 大学を卒業されてから、就職をせずにゲームAIを作っていた、とのことなんですが。

正確にいうと、就職してない期間は1年で、下働きみたいな形でちょっと社会復帰したのが半年。そこから大学院に戻りました。

── その間に、ゲームAIを作っていらしたと。どんな種類のものを?

大貧民、将棋、カーリング。囲碁もその時期にやりましたね。

── ゲームに搭載するAIを作るのではなく、戦うAIですね。

そう、AI対AIで戦わせるんです。たとえば「大貧民AI」。大貧民AIの大会では、AI同士で5,000試合を戦わせて、平均通算得点でランク付けを行います。試合はAI同士が裏で戦っていて、人間は最後に誰の平均順位が高かったかだけを見る、みたいな。そういう世界です。

大貧民AI
画像提供：大渡勝己さん

── ちょっとまだイメージがわかないんですが、AIに教える教師データをそれぞれの人が開発するということなんですか？　どう戦わせるんですか？

そこも本当に、自分で決められまして。たとえば、自分の大貧民の仕方をそのまま、こういう条件ならこれを出すみたいに教えるという方法で大会に出ることもできます。私はもっと機械学習とかを使って自分自身では制御できないようなアルゴリズムを組んでいます。幅はすごく広いです。

── そうなると何を競うんでしょうか？勝ち抜き制？

大貧民の結果の平均順位ですね。大貧民って、「手札の運」で勝敗が左右されるじゃないですか。なので、1試合だけで勝負を決められないので、数千試合やって、平均で最も勝率が高かったプログラムが一番強いプログラムだというふうに定義するんです。

試合自体は普通の大貧民のゲームです。グラフィック上で見ることはできるんですが、人間は数千試合も見ていられないので。

── AIの中でも特にゲームAIに興味を持った理由は何かあったんですか？

自分は勝ち負けにこだわることが好きなので、ただ人の役に立つだけじゃなくて、勝ってその結果何か周りに伝えられる、そういうものがあるといいなと思っていました。当時は、今ほどじゃないですけどAIが注目され始めてきたときで、そこでゲームAIというものを知って。人間をはるかに超えるようなものができれば、それって面白いんじゃないかなと感じて……その両方ですね。自分が勝負してみたいという興味と、メッセージ性。この2つがモチベーションになりました。

── それから大学院に戻られて、そこからまたゲームAIを研究された。大学院の研究室の中にも、ゲームAIの研究をしているところがあるんですか？

そうですね。ゲームAIだけという研究室は少なくなってきているかもしれませんが、研究テーマとしてゲームAIがオプションとしてある研究室は、結構たくさんありました。自分が入ったのは田中哲朗先生というゲームAI界隈で有名な先生の研究室です。「ゲームプログラミング」と研究テーマにも書いてあって、研究室のWebサイトは「ゲームを研究する」というタイトルになっているぐらい。

──なぜ大学院に入ろうと思われたんですか。

そうですね。ひとつはそもそも、それまで情報系専門ですらなかったので、ゲームAIの大会に出ても「門外漢がAI大会に出ている」みたいな気持ちもあって。本場でちゃんと勉強したら見えてくるものがあるんじゃないかなと思ったところが大きかったです。あとは学生になると「研究してます」っていえるじゃないですか。それも大きかったですね。人と話すときに「ゲームAIの研究をしてます」といえる。

それから、自分は大学を卒業してから実家のある大分県に戻ったんですけど、大分でこういう議論をする人とは出会えなくて。東京にいるということは、すごく意味があると改めて思いましたね。

独学での勉強法とスキルアップのために心がけていること

──大渡さんは「情報系専門ですらなかった」とおっしゃいますが、大学卒業後に出場されたゲームAIの大会では優勝されています。プログラミングの知識は独学で学ばれたんですか？

大貧民のプログラムなどは過去のものを参考にしたところも大きかったのですが、結構自分で情報を集めながら考えましたね。それと並行して、将棋とか、もっと強いプログラムも読みながら、それをいじるということもやっていました。自分のプログラムを書きながら人のプログラムを読んでいじるということを並行してやる、という流れで勉強していました。

──お薦めの書籍を皆さんに聞いているのですが、何かありますか？

『コンピューター囲碁　モンテカルロ法の理論と実践』（松原仁編、美添一樹、山下宏著、共立出版）です。コンピュータ囲碁の本で、アルゴリズムや実際に使えるコードなどが載っています。

結果としては、今ではGoogleの「アルファ碁」が出てきてしまったので、そちらが本流なのかもしれないんですけど、私自身はこの本を読んで「探索」を確率で処理するところにすごく面白味を感じました。何かモノを探すときに、端から順番に見ていく方法がありますが、そうではなく、あたりを付けて見ていく方法もあるじゃないですか。そのアルゴリズムがすごくきれいだと感動して…… 個人的に確率の世界が好きなので。この本を読んで、ゲームの探索について学ぶことができました。

―― エンジニアとしてのスキルアップの方法にはいろいろあると思うんですけど、心がけていることや実践されていることはありますか？

そうですね。私はすごく「外に出ること」を大事にしています。ただ知識を学ぶというよりは、どちらかというと会話することに意味を感じています。

もちろん、他の方のお話を聞くことで得られるものもたくさんあります。疑問を感じたら質問することもできますし、逆に自分から「こういうことをやっています」と話すことにも価値があると思いますね。自分の中でもやもやしているものまではっきりさせて話すことで、迷っていたことでも結構自信を持って話せるんだなと気づく場面もありますし。逆に、ここはもうそんなに考えても仕方ないかな、と自分の中で方向性が見えるところもありますし。あとはやっぱり人と話したほうがメンタルが安定しますね（笑）。エンジニアは鬱（うつ）になっている時間が一番もったいないので。

―― おお。

「常にテンションを高くできること」に意味があると思っています。あと、もう一点いえるとすれば、勉強会などの質疑応答では必ず最初に質問すると決めています。全然知らない学会などに遊びに行ったときにも必ず。すごく幼稚な質問になることもあるんですが。

他の人の話を概略だけでも理解して何かコメントする、ということを心がけるようにしています。世の中にあるすべての技術を理解するのは難しいですが、要点だけでもつかめる力が付けばいいなとは思っていますね。

―― Team AIの勉強会にもいらしていただいたんですよね。どうでしたか？

あまり他に類を見ないコミュニティだと思います。特に外国人の方が多くて、彼らといろいろ話す機会が得られるということだけでも貴重だと思いますね。それが貴重だということ自体がどうなのかという話もあるんですが、すごくいい、ありがたい場所だと思っています。

―― 海外のゲームAI学会にも参加されたことがあるとか。

ゲームAIと一口にいっても、取り上げ方にはいろいろあります。たとえばDeepMindの「DQN」とか、「アルファ碁」とか、そのレベルのものは機械学習系のトップの学会で発表されるんです。私が参加したのはゲームのほうの学会です。機械学習の最先端を研究し発表するというよりは、ゲームをどういうふうに扱うかというほうにフォーカスした学会です。

私が参加した「Advances in Computer Games」ではゲームAI大会も併設されていて、チェスの大会も行われていました。コミュニティとしては、日本、台湾の人が多かったのが印象的でしたね。

—— 参加されてみてどうでしたか？

そうですね。10日間ぐらいずっと英語を使い続ける環境に身を置いたのはすごく良かったですね。アルゴリズムなどの議論に及ぶと日常会話だけではないところも話さないといけないので単純に英語力が向上しました。

それから何が流行りかはやっぱり日本と海外で違うので、俯瞰的にいろいろと考えることができたのも良い経験になりました。日本で扱っていた技術だけでは見えてこないものも海外に出るとわかりますし。逆に日本でやっていたこの技術をここに使えるんじゃないかなっていう気づきもありますし。みんなが同じ知識を共有しているわけではないので、とても意味があったなと思います。

チェス・プログラミング・ウィキ。大渡さんのプロフィールが掲載されている。

プログラムが強くなっていくことで人間がもっと人間らしくなっていく

—— これからの目標はありますか。

それは非常に難しい質問です（笑）。あんまり先のことは考えてないというのが正直なところなんですが。ひとつは「ゲームはコンピュータがやったほうが強い」「強いプログラムが生まれることは良いことだ」ということをある程度周知することに意味があるのかなと思っていて。

たとえばゲームでプロになるようなレベルの人ってすごいじゃないですか。ただその一方で、そこまで極めなければ、どうせプログラムのほうが強い。それで中途半端にやるぐらいだったら、他のことをやればいいし。もしコンピュータというはるかに強い存在があって、それでもそこに挑戦していきたいという人がいれば、それは本当に、そのプログラムに意味があると思いますし。

そういう意味で、プログラムが強いということは人間にとってすごく良いことだと思います。プログラムが強くなっていくことで人間がもっと人間らしくなれるんじゃないかなと。エゴかもしれないですけど、期待しています。

―― コンピュータが強くなっていくことで、人間が人間らしくなっていく……。それって、どういう意味なんでしょうか？

ゲームAIの開発をしていく中でアルゴリズムを書いていると、「計算に落とし込める部分はどこなのか」という思考回路になるんです。人間がゲームをやる場合と、コンピュータは多分別のアプローチを取っているんですね。

それでは人間としてどういうことをやっていったらそのゲームが面白くなるのか。コンピュータを多くの人が理解することで、その「人間にしかできない部分」がもっと解明されていくんじゃないかな、そうなればいいなと勝手に思っているんです。雲をつかむような話で申し訳ないんですが。

―― それは、大渡さんならではの視点だなと思います。私は、「ゲームって自分でするから面白いんじゃないの？」と思っていました。

本当に、そういう素直なコメントをいっていただけるのがすごくありがたいことで（笑）。実は、私自身はあんまりゲームをやらないんですよね。

―― えっ、そうなんですか。

大学時代までずっとスポーツをやっていて、ゲームを自分でプレイする感性はあんまりなくて。やったこともあるんですけど、むっちゃ弱かった（笑）。だからこれはコンピュータに任せるべきところだって。

―― ゲームに弱いから、これはコンピュータにやらせたほうがいいだろうと思っていたと（笑）。

はい。コンピュータがやったほうがはるかに強い可能性があるということは最初からわかっていたので。

「勝ち負けが付くんだったら勝ちにいく」というのが私のポリシーなんですが、ゲームでも何でも、弱いんだったら自分はそれをやるべきじゃないし、もっと得意なコンピュータに任せるべきだと思っているんです。

―― ちなみに、スポーツって何をやっていらしたんですか？

ソフトテニスをやってました。

―― じゃあ、大学でも。

はい。体育会の部活で。キャプテンでした（笑）。なので、学生時代は全然勉強も何もしてなかったですけどね。

―― プログラミングを勉強し始めたのは子どもの頃からだとおっしゃってましたけど、何歳ぐらいから始めたんですか？

12歳です。そんなに若くはないです。最近、5歳からプログラミングをやっている子とかも出てきてますけど。

きっかけは、BASICという言語でプログラムを勉強する家庭用の教育ソフトがあって、それに触ったのが小学校6年の頃。その後、実際にホームページみたいな動くものを作りたくなったので、JavaScriptとか、Webで動くようなものをちょっとやってみたりとか。本当に遊びのレベルだったんですが。

—— じゃあ、基本はマスターされていたんですね。

いや、全然。超我流だったんですよ。

—— 子どもの頃から自分でプログラミングを組んで遊ぶって、90年代生まれ以降から出てきた流れじゃないかと思うんですよね。

いや〜、でも、人次第だと思いますけど。周りでやっている人はいなかったので。

—— 少数派だったかもしれませんね。どっちかっていうと、90年代ってずっとパソコンばっかりやっていたら親から怒られたりとか、そういう時代だったと思うんですよ、まだ。

それで実際、運動部に入らされましたしね、中学1年のときに(笑)。

—— そうなんですね。そこからテニスに(笑)。

そこからは、プログラミングは冬の寒い期間だけ、こたつに入ってやってたぐらいの感じで。でもスポーツは全然センスがなかったので、スポーツが終わったらプログラミングのほうしかやることが残ってなかったんです(笑)。

まぁ要するに、ゲームを楽しんでいただく方には、コンピュータはすごく強くて、人間は楽しめばいいって思っていただければ、それもいいかなと思っています。

—— 大渡さんは、これからもエンジニアとして生きていくんでしょうか?

いや、どうなんでしょう。

—— そこも含めて、どうなんでしょうという感じなんですか。

そうですね。でも今は少なくとも、ゲームAIがまだ見せなきゃいけないところはあるので。もうちょっとやることはあるかなと思っています。

—— ありがとうございました。今後も大渡さんのご活躍に期待しています。

第1部　仕事編

第5章

いよいよ転職活動！ 後悔しないために押さえておくべきポイント

これまで長い時間をかけてAI職種に就くための勉強をしてきました。続いて、いよいよ転職活動を始めます。本章では、企業に関する情報をどのように収集するか、書類審査を通る履歴書・職務経歴書の書き方、面接対策の勘所などを説明します。

AI関連企業について情報を収集しよう

就職活動を始めるにあたり、Webメディア、展示会やイベントなどで情報を収集しましょう。

Webメディアで最新ニュースをチェック

AI業界では毎日のように新しい話題が生まれています。まずは、Webメディアで最新ニュースをチェックしてみましょう。AI業界で今ホットな技術や企業について知ることで、自分が具体的にどの方向を目指すかが明確になります。「ここで働いてみたい」と興味を惹かれる企業に出会えるかもしれません。

AINOW

AINOWは、AIに特化したニュースメディアです。2016年7月の創設以来、AI関連のニュースを2万件以上掲載しています。Machine Learning 15minutes!やAI・人工知能EXPOなどのイベントとも連携しています。

http://ainow.ai/

ロボスタ

ロボスタは、ロボットの最先端情報を発信するサイトです。ロボットに関連する技術として、AIについても多数の情報が掲載されています。ロボスタを運営するロボットスタート株式会社は、ロボット・AI業界の求人サイト「ロボスタジョブ」(https://job.robotstart.info/)も運営しており、AI関連の求人を検索することもできます。

https://robotstart.info/

展示会やイベントで企業に接触してみる

情報収集方法としてお勧めなのが、展示会やイベントに足を運ぶことです。展示会やイベントで興味のある企業の出展ブースに行けば、その企業の技術や事業について詳しく知ることができます。出展ブースでその企業の社員と話すチャンスもあるでしょう。勉強をしている内容やその企業への就職を希望していることなどを話し、自分を売り込むことも可能です。また、さまざまな企業のブースを回ることで、新しい技術や企業と出会うこともあります。

AI・人工知能EXPO

AI・人工知能EXPOは、日本最大のAI専門展示会です。2017年の第1回に始まり、年に一度開催されています。ディープラーニング、機械学習、ニューラルネットワーク、自然言語処理などのAI技術・サービスを提供する企業や研究機関が数多く出展しています。また、AIに関する基調講演やセミナーなども実施されており、最新情報の収集にも適しています。

http://www.ai-expo.jp/

CEATEC JAPAN

CEATEC JAPANは、アジア最大級の最先端IT・エレクトロニクスの総合展示会です。前身であるエレクトロニクスショーとCOM JAPANが統合して2000年より毎年開催されています。CEATECはIT・エレクトロニクス全般を対象としていますが、2018年には特別テーマエリアが設けられるなど、今後はAI関連の展示やイベントが急増すると思われます。

http://www.ceatec.com/ja/

Japan IT Week

Japan IT Weekは、日本最大のIT専門展示会として年に3回開催されています。クラウド、情報セキュリティ、ビッグデータ、AIなど、テーマ別の専門展に分かれています。

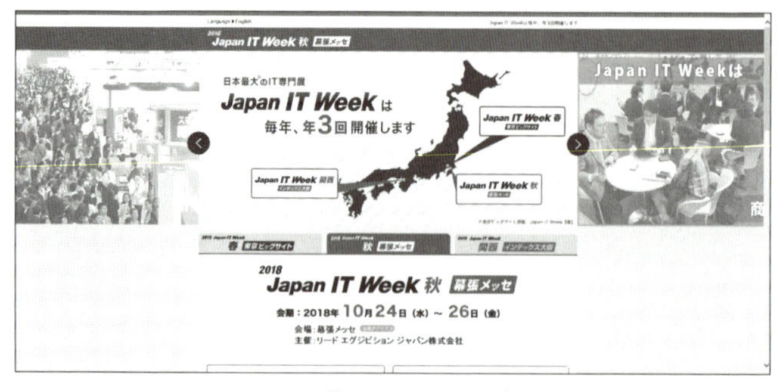

http://www.japan-it.jp/

スタートアップ企業の情報をいち早く収集

右肩上がりに急成長するAI市場を牽引するのは大手企業だけではありません。

最新のAI技術を武器に世界をリードするスタートアップ企業も数多く存在します。Webメディアでスタートアップ企業の動向をチェックすることも、就職への糸口になります。

TechCrunch Japan

TechCrunchは、スタートアップ企業の紹介、新製品のレビュー、業界の重要なニュースを発信するテクノロジーメディアで、2005年にアメリカで創設されました。TechCrunch Japanは、2006年にその翻訳版としてスタートしましたが、現在では翻訳記事以外にも日本独自の記事も公開されています。日本のスタートアップ企業の情報収集に最適です。

https://jp.techcrunch.com/

THE BRIDGE

THE BRIDGEは、「起業家と投資家をつなぐ」ことをコンセプトとするブログメディアです。日本のスタートアップ企業を中心に、技術系のニュースを発信しています。アジアのWebメディアとパートナー関係を結んでおり、海外のスタートアップ企業に関する記事も読むことができます。

http://thebridge.jp/

AI職種に応募するのに適したサイト・エージェントは？

AI職種の求人に応募するには、志望する企業のWebサイトや求人サイト、人材エージェント会社を利用する方法があります。

求人の探し方

就職したい企業が決まったら、その企業のWebサイトで人材を募集しているかどうかをチェックします。募集している場合は、直接応募します。

募集していない場合、あるいはまだ目標の企業を決めていない場合には、求人サイトで企業や求人内容を検索してそこから応募することができます。また、人材エージェント会社に登録して応募する方法もあります。

お薦めの求人サイト

インターネット上には、さまざまな求人サイトがあります。なかでもAI職種の就職活動に役立つサイトを紹介しましょう。

Wantedly

2012年にスタートしたWantedlyは、「ビジネスSNS」と称し、企業とユーザーのマッチングサービスを提供しています。Facebookから登録でき、TwitterやGoogle＋などのSNSとも連携することが可能です。求人を検索して応募できるだけでなく、[話を聞きに行く]ボタンをクリックして気軽に企業を訪問することができます。また、気になる企業にエントリーしておくと、プロフィールを見た企業が声をかけてくる場合もあります。

Wantedlyにはブログ機能があり、企業がワークスタイル、創業ストーリー、社員紹介、採用現場などのテーマで情報を発信しています。気になる企業をフォローすれば、その企業の社風や仕事の実態などの情報を得ることも可能です。

https://www.wantedly.com/

Indeed

Indeedは、求人情報に特化した検索エンジンです。現在、日本を含め、50以上の国と地域に展開されています。キーワードと地域、その他の条件を入力して求人を検索し、気に入った求人があれば、そこから応募することができます。また、履歴書を登録しておくと、企業側から声がかかることもあります。

https://jp.indeed.com/

LinkedIn

LinkedInは、世界最大のビジネス特化型SNSです。登録したプロフィールを基に組織の枠にとらわれずに人脈を広げ、ビジネスにつなげるというコンセプトで、2003年のスタート以来、世界中でユーザー数を伸ばしています。

LinkedInには求人機能があり、キーワードと地域で求人を検索し、応募することができます。また、詳しいプロフィールを登録しておくと、企業からスカウトの連絡がくる場合もあります。日本語に対応していますが、全世界的なサービスであるため、英語でアメリカの求人を検索したり、英語でプロフィールを掲載して日本以外の企業からスカウトを受けたりといったことも可能です。

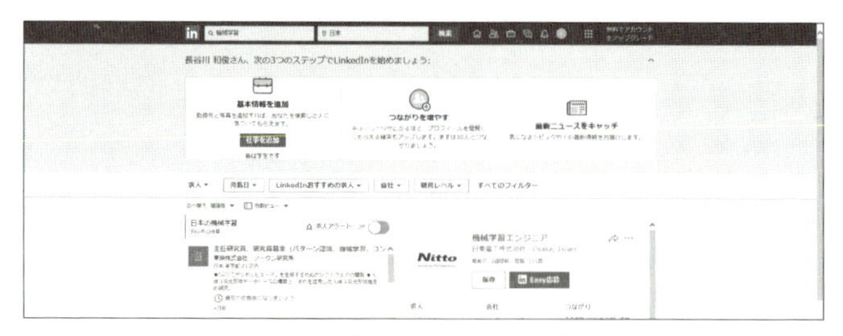

https://www.linkedin.com/

人材エージェントに登録しよう

就職したい企業をうまく見つけられない場合には、人材エージェントに登録するのも良い方法です。人材エージェントでは、自分の経歴や希望を基に求人を紹介してくれます。就職に関する相談やアドバイスをはじめ、面接の調整、採用条件の交渉などの支援を受けられます。

このプロセスで何よりも重要なのは、「相性の良いエージェント(担当者)」と出会うことになります。転職エージェントを選ぶときに重要なのは担当者です。

- 話だけはたくさん聞いてくれるが、ほとんどポジションを紹介してくれない
- マッチングだけして準備はほとんど候補者任せでレジュメへのフィードバックもほぼなし
- 自分の希望やキャリアプランにマッチしたポジションを紹介してくれている実感がわかない

これらは転職活動の際に候補者が感じる不満としてよく挙げられるものですが、すべて担当者との相性が悪いことが原因です。

転職エージェントの企業規模はあまり関係ありません。大手企業のほうがデータベースを持っているため紹介してもらえる企業数が多いという考え方もありますが、AIエンジニアの場合は企業数を多くカバーしていることより、どちらかというと業界内の情報をいかに多く持っているかのほうが重要です。

広く浅く手がけている大手よりも業界特化型のエージェントのほうがより新しい情報や非公開情報、面白い会社の情報を持っていることも多いです。

そしてもうひとつ大切なのは、これは「あなたの」転職活動であるということ。あなたの要望を丁寧に吸い上げて、あなたの価値をきちんとわかってくれて、あな

たの人生を考えて仕事を紹介してくれる担当者と出会えるかどうかで、転職活動の成否はほとんど決まったも同然です。

また、転職活動のポイントとして、「転職活動を行うと決めたら、ある程度工数を確保して集中して行う」ことを勧めます。だらだらと時間をかけて中途半端に取り組んでも望む結果はなかなか得られません。

せっかく「転職しよう！」と決めたのであれば、より良い未来を手にするために情報収集や事前準備を積極的に行い、「肉食系」で転職活動をすることをお勧めします。

転職エージェントは最終的に1人（1社）に絞ったほうが効率が良いと思いますが、まず登録する段階においては2〜3社登録してみて、複数のエージェントに会ってみると良いでしょう。

お薦めの人材エージェント

大手人材エージェント

リクルート、パソナ、パーソルなど大手企業の人材エージェントは、求人数、採用企業数が多いという強みも持ちます。また、求職者への支援も豊富であるため、まずはこれらのエージェントに登録するのも良いでしょう。

お薦めの人材エージェントをいくつか紹介します。

●お薦めの人材エージェント

リクルートエージェント

https://www.r-agent.com/

パソナキャリア

https://www.pasonacareer.jp/

DODAエージェントサービス

https://doda.jp/consultant/

外資系人材エージェント

日本に限らず、海外の企業での就職を視野に入れている場合は、外資系の人材エージェントの利用をお勧めします。ロバート・ウォルターズやマイケル・ペイジが代表的な外資系の人材エージェントです。

●ロバート・ウォルターズ

https://www.robertwalters.co.jp/

●マイケル・ペイジ

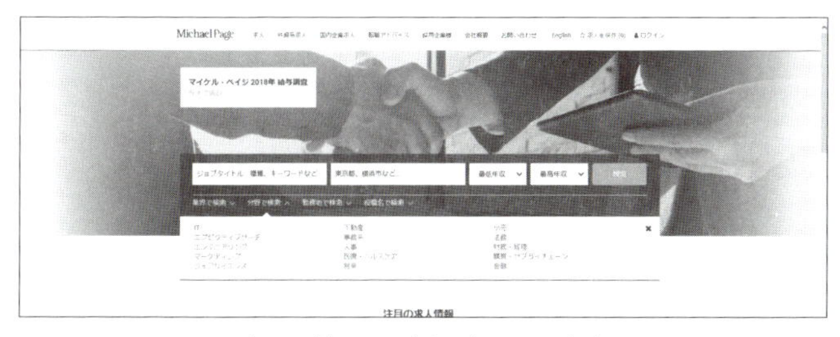

https://www.michaelpage.co.jp/

Team AI Career

Team AI Careerは、AI・データ分析専門求人紹介サービスです。毎週無料の勉強会を開催し、企業、大学、研究機関などAI業界に幅広いネットワークを持つTeam AIが、AI職種の志望者と企業を的確にマッチングします。初心者から上級者までをカバーし、採用企業は100社を超えます。

https://career.team-ai.com/

AI業界にアピールできる履歴書・職務経歴書の書き方

ここでは、あなたのこれまでの実績や強みなどを的確にアピールし、書類審査に通る履歴書・職務経歴書の書き方を紹介します。

まずは何よりも履歴書・職務経歴書を準備する

企業への応募時には、履歴書と職務経歴書を提出します。まずは書類審査に通るように、企業にアピールする履歴書・職務経歴書の書き方のポイントを押さえましょう。

また、転職活動にエージェントを使う際には、エージェントとの面談までに履歴書・職務経歴書を書いておくと良いでしょう。「後から作ればいいや……」と考えている人も多いのですが、この面談で書類へのアドバイスをしてもらったり、自分でも気づいていないような市場価値をフィードバックしてもらえたりする可能性もあります。

履歴書のポイント～学歴、アピールポイントを詳細に

学歴は専門性がわかるように詳細に書く

履歴書に学歴を書く際には、「○○大学△△学部 卒業」のように大学名と学部名だけになりがちです。AI業界では学歴をしっかりチェックする傾向にあるため、このような淡泊な書き方よりも、学部卒であっても学部名だけでなく、専門性がわかるように専攻の詳細、卒業論文や研究室なども書くことをお勧めします。

個人のアピールポイントをしっかりと書く

個人のアピールポイントが書かれていない履歴書をよく見かけます。特に、未経験の場合には省略してしまうことが多いようです。アピールできるポイントがないと思っても、その職種に就きたい理由やどのような仕事をやりたいかなど、自分の情熱を言葉にしてみましょう。未経験でも、採用される可能性が上がります。

TOEIC、TOEFLのスコアを書く

英語が得意であることは、AIの情報収集や技術向上には確実に有利に働きます。TOEICやTOEFLのスコアを書いて、しっかりとアピールしてください。外国人スタッフとのコミュニケーションに課題を感じている経営者も多いです。

職務経歴書のポイント① ～ AI関連の情報を多く記載

職務経歴書の60%以上の内容がAI関連の情報になるように書く

職務経歴書は、通常、所属企業、職種、担当プロジェクトの内容などを時系列で記入していきます。しかし、たとえば前職がWebアプリケーションエンジニアで、AI関連の職歴がない、あるいは短い場合は、職務経歴書の90～100%がアプリケーションエンジニアとしての職歴で埋まってしまいます。しかし、AI企業の人事担当者が期待しているのは、AIに関連する職歴・実績・想いです。職務経歴書としては正しい書き方かもしれませんが、AI職種に応募するには有利に働きません。

AI関連の職歴がある場合はその内容をなるべく詳しく記述しましょう。どのようなデータに対してどの数理モデルを使ったのか、モデルの構築に使用したライブラリや、分析・予測のアプローチと結果など詳細を記載します。

職歴がない場合には、Kaggleにトライして実際に分析したプロジェクトについて書きましょう。たとえば、金融のデータに対してどのようなモデルを構築し、分析・予測を行ったかなどの詳細を書くと、実務に近い経験を積んだことが認められ、プラスの評価につながります。逆にこういった具体例がないのに、採用企業にスキルが高いことをわかってもらうのは難しいです。

職務経歴書の60%以上がAIに関連した内容になるように書くのが大切です。

論文のタイトルとURLを書く

理系出身者は、発表実績があれば論文のタイトルとその掲載先のURLを書きましょう。修士や博士、数学、物理学、コンピュータサイエンスを専攻していた場合は、かなりプラスの評価が得られます。国内外の学会発表や特許出願・取得実績があれば、その内容も書きましょう。

職務経歴書のポイント② ～ 勉強や活動の内容を書く

勉強したビデオコースや書籍について書く

これまでの学習内容として、履修したビデオコースや勉強した書籍の名前を列

挙することもお勧めです。初心者向けのものだけでは評価されるのは難しいかもしれませんが、上級者向けのビデオコースや書籍であれば、知識やスキルを習得していることをアピールできます。

勉強や活動の成果を示すアウトプットについて書く

たとえば、学習した内容や参加したイベントの様子をブログに書いている場合は、ブログのタイトルと簡単な説明、URLを記載しておきましょう。Qiitaの技術ブログ、GitHubのプロジェクト、SlideShareのプレゼンテーション、Kaggleのカーネルなどを書いておくと、自分の勉強や活動の成果を示すポートフォリオとしてアピールできます。

最後は気合と情熱

最後に、どれだけの意気込みがあるか、どれだけその仕事に就きたいか、将来どのような展望を持っているかなど、AIに対する自分の気合と情熱を表現しましょう。10行程度で書いてみてください。自己PRとして、多いときにはA4判の用紙いっぱいに文章を書く人もいます。

書類審査を通る履歴書・職務経歴書のサンプル

履歴書

平成30年7月1日現在

ふりがな やまだ たろう	
氏名 山田 太郎	
生年月日 1989年7月1日生（満29歳）	性別 男
ふりがな ちばけん まつどし ごこう	電話 047-394-XXXX
現住所 千葉県松戸市五香X-X-X サニーハイツ203	携帯電話 080-6456-XXXX
ふりがな	E-mail taro@email.com
連絡先 〒 （現住所以外に連絡を希望する場合のみ記入）	

年	月	学歴・職歴（各別にまとめて書く）
2005	4	県立千葉成城高校に入学
2008	3	同校を卒業
2008	4	国立習志野技術大学に入学
2012	3	同校を卒業
2012	4	同大学大学院複雑系生命科学研究科に入学
2014	3	同校を修了
2014	4	あすか開発（株）に入社
2016	3	同社を退社
2016	4	（株）マックス・アナリティクスに入社
		現在に至る

年	月	学歴・職歴（各別にまとめて書く）

年	月	免許・資格
2009	8	第1種運転免許取得
2016	1	TOEIC 800点取得

<table>
<tr><td rowspan="3">志望の動機、特技、好きな学科など
貴社のミッションである、社会貢献できる自動運転AIの構築というキーワードに惹かれました。CEO/CTO様の情報発信についても共感できる部分がたくさんあり、力になりたいと思っております。自分の専門である画像認識技術も十分活かせそうな環境だと思っております。趣味はDJとバスケットボールです。</td><td colspan="2">通勤時間
1.2時間</td></tr>
<tr><td colspan="2">扶養家族数（配偶者を除く）
0人</td></tr>
<tr><td>配偶者
なし</td><td>配偶者の扶養義務
なし</td></tr>
</table>

本人希望記入欄（特に給料・職種・勤務時間・勤務地・その他についての希望などがあれば記入）
技術的に成長できる環境を何よりも望んでいます。勤務地は横浜方面でなければ松戸から近いので、問題なく通勤できます。現職給与が700万円（ボーナス込み）なので、希望年収は800万円以上とさせていただきます。海外出張や海外転勤については興味があり、積極的に検討させていただきたいです。

<table>
<tr><td colspan="2">保護者（本人が未成年者の場合のみ記入）
ふりがな</td><td rowspan="2">電話</td></tr>
<tr><td>氏名</td><td>住所　〒</td></tr>
</table>

職務経歴書

2018年10月1日
山田 太郎

【職歴概要】

- 習志野技術大学大学院 複雑系生命科学研究科で統計を応用した研究を実施。
- 新卒で入社したあすか開発では、金融・保険を中心としたJavaシステム開発に従事。
- 現職マックス・アナリティクスでは、金融時系列・医療画像などのAIプロジェクトを担当。リードAIエンジニアとして、学生・新入社員の教育設計にも従事し、チームとしてのパフォーマンスを上げる。
- Qiita/SlideShareをはじめ、技術アウトプット多数。

【職務経歴詳細】

<table>
<tr><td colspan="4">2014年4月 ～ 2016年3月　あすか開発(株)
事業内容:システム受託開発　資本金:1億円　従業員数:100名(未上場)</td></tr>
<tr><td>期間</td><td>プロジェクト概要</td><td>開発環境</td><td>プロジェクト規模
人数・役割</td></tr>
<tr><td>2014/04
～
2015/03</td><td>大手メガバンク・流れ星銀行の基幹業務システム構築
・自動機無人監視システム構築
・業務フローの自動化、データの相互乗り入れ
・帳票の自動作成実装</td><td>Java(Play)
Junit(Test)
Tomcat
Apache
Linux
Oracle</td><td>【人数】約10名
【役割】エンジニア</td></tr>
<tr><td>2015/04
～
2016/03</td><td>大手保険・城南生命の保険請求審査システム構築
・基幹システムとの連携
・ユーザビリティ向上の実装と検証
・審査時間の短縮をゴールに新審査システム2.0の導入</td><td>Java(WebSphere)
JSP
Java(Scala Framework)
AIX
DB2</td><td>【人数】約15名
【役割】エンジニア</td></tr>
<tr><td>2016/04
～
2017/03</td><td>城南生命のグループ統廃合に伴うシステム再構築
・検索Webアプリケーション開発
・管理システム開発
・入会・退会システム開発
・合併による改修箇所の調査・データ移行作業</td><td>Java(XFW)
SQL
Linux
NonStopSQL</td><td>【人数】約10名
【役割】リードエンジニア</td></tr>
</table>

<table>
<tr><td colspan="4">2016年4月 ～ 現在　(株) マックス・アナリティクス
事業内容：データ分析受託開発　資本金：3億円　従業員数：150人　【東証一部上場】</td></tr>
<tr><td>期間</td><td>プロジェクト概要</td><td>言語・環境など</td><td>プロジェクト規模
人数・役割</td></tr>
<tr><td>2016/04
～
2017/03</td><td>FX相場(時系列データ) 予測アルゴリズムを三橋科学大学と共同研究
・データ取得の設計と構築、データ前処理
・上級エンジニアが設計したアルゴリズムのChainerによる実装とパラメータ調整
・ランダムフォレスト、ニューラルネットワーク、ARIMA(時系列) モデルを使用</td><td>【開発言語】
Python
【フレームワーク】
Chainer</td><td>【人数】約10名
【役割】ジュニアAIエンジニア</td></tr>
<tr><td>2017/04
～
現在</td><td>田中記念大学病院のMRI画像を分析し病理組織を検知する画像認識アルゴリズムを構築＆改善
・CNNの適用と改善により分類精度93%を達成
・フーリエ変換を適用し補正とフィルターを実装
・同様のアルゴリズムを佐藤病院(大阪府)にも出張ベースで実装
・インターン3名と新入社員のスキルアップ指導
・CVPRをはじめとした画像系の国際学会アウトプットの調査</td><td>【開発言語】
Python
【フレームワーク】
TensorFlow、
Keras</td><td>【人数】約10名
【役割】リードAIエンジニア</td></tr>
</table>

【学生時代の研究テーマ】

習志野技術大学大学院 複雑系生命科学研究科

・「速いスケールから遅いスケールへの統計的性質の伝播」(2013年2月発表)
　www.xxx.ac.jp/xxxx/xx/

【主なポートフォリオ】

・Qiita「最近の画像認識系学会発表トレンドまとめ」
　www.xxx.qiita.com/xxxx/xx/
・Qiita「DigitalGlobeの人工衛星画像APIをCNNで解析してみた」
　www.xxx.qiita.com/xxxx/xx/
・SlideShare「CNNの活用と最近の応用事例」
　www.xxx.slideshare.net/xxxx/xx/
・ブログ記事「次世代動画認識として注目されるOpenPose」
　www.xxx.or.jp/xxxx/xx/
・GitHub
　www.github.co.jp/xxxx/xx/
・Kaggle「Zillow Prizeの住宅価格予測コンペ 」(チームを組んで上位15%入り)
　www.xxx.kaggle.com/xxxx/xx/

・Kaggle「NYSE 株価予測」（Kernelに50Upvote）
　www.xxx.kaggle.com/xxxx/xx/
・Kaggle「メルカリの価格レコメンドコンペ」（チームを組んで上位10%入り）
　www.xxx.kaggle.com/xxxx/xx/
・Coursera「Stanford Machine Learning by Andrew Ng」（履修バッジ取得済）
　www.xxx.coursera.org/xxxx/xx/
・Udacity「Self-Driving」（履修バッジ取得済）
　www.xxx.com/xxxx/xx/
・Udacity「Deep Q Learning」（履修バッジ取得済）
　www.xxx.udacity.com/xxxx/xx/

【語学力】

・TOEIC：800点　（2016年1月）
・業務での使用経験：読み書きリスニング可能／英文仕様書、文献、海外論文などの調査など（ビジネスレベルの英会話が可能）

【テクニカルスキル】

言語	Java：業務にて約３年使用 Ruby：約２年間使用 Python：約４年間使用 R、Scala：現在勉強中
DB／ミドルウェア	MySQL、DB2、Oracle Database、SQL Server、WebSphere：いずれも業務上使用可能
フレームワーク	TensorFlow、Keras、MXnet、PyTorch、Chainer
データ分析基盤	AWS、GCP、Azure

【自己PR】

　私は向学心が旺盛で、常に新しいジャンルの技術について独学をベースにキャッチアップしてきました。
　特に2012年以降の第３次AIブームでは深層学習に魅力を感じ、コンピュータビジョンの分野での発展が目覚ましいので、毎日アカデミアで発表される論文を、英語でむさぼり読みました。GitHubで無償公開されたコードを実装することで、医療画像分析プロジェクトの精度向上に役立ててきました。社内でもリーダーシップを取り、特に東和大学からの外国人インターン生受入れ時の教育プログラム設計、新入社員のOJTによる指導を通じて、自分だけではなくチーム全体の技術力底上げに貢献しました。
　今後のキャリアに関しては、海外アカデミアとの共同研究にもチャレンジし、時系列（動画）の普及でさらに可能性が広がる画像認識分野の知見を深め、１～２年後には論文の発表や特許の取得により、勤務先のブラックボックス技術開発に貢献できるようになりたいと思っています。
　協調性があり、同僚や上司の力を上手に引き出して仕事ができるとよくいわれます。
　趣味でDJをやっているので、御社の歓送迎会などの催しを音楽で盛り上げることもできます。

面接・技術試験に向けて押さえておきたいポイントは？

書類審査に通ると、面接や技術試験に挑むことになります。面接の実施回数や技術試験の内容は、企業によって異なります。面接や技術試験に向けて何をすべきかを説明します。

事前準備

応募企業について徹底的に調査して理解する

応募した企業について徹底的に調査し、理解しましょう。

まずは、企業のWebサイトを隅から隅まで読んでください。創業の年やその経緯、事業内容などを調べます。また、企業が公表するIR資料には、決算短信、有価証券報告書、四半期報告書、アニュアルレポート、株主通信などが掲載されており、その企業の方向性を知る際に役立ちます。

企業のWebサイトだけでなく、その企業が取り上げられたニュース記事、出展した展示会や社員が登壇したセミナーの記事などをチェックしておきます。また、社長、CTO、活躍している社員の名前や経歴を調べておき、ブログやSNSを閲覧するのもお勧めです。

想定される質問に対して答えを用意しておく

就職面接では、その職種を目指した動機や企業に応募した理由など、よく聞かれる質問があります。また、職種に必要な知識やスキルを確認するために、技術的な質問が行われることもあるでしょう。

想定される質問を調べておき、面接時にスムーズに答えられるように準備しておきましょう。「機械学習　面接　質問」「Machine Learning Interview Q&A」などのキーワードで検索すると、想定質問がヒットします。

また、Wantedlyでは、企業の人事採用担当者や採用された社員のレポートやインタビューなどが掲載されています。応募する企業について事前に調べておきましょう。

[想定質問の例(英語)]

- 41 Essential Machine Learning Interview Questions (with answers)
  (欠かせない機械学習面接問答集41)
  https://www.springboard.com/blog/machine-learning-interview-questions/
- Data Science and Machine Learning Interview Questions
  (データサイエンスと機械学習面接問題)
  https://towardsdatascience.com/data-science-and-machine-learning-interview-questions-3f6207cf040b
- 12 Important Machine Learning Interview Questions to Study Ahead of Time
  (12の機械学習面接に向けて重要な質問)
  https://www.simplilearn.com/machine-learning-interview-questions-and-answers-article

その企業が扱う分野の最新技術動向をアカデミア中心に調べておく

その企業が扱う業界について最新の技術動向を調べておきましょう。画像認識、音声認識、自然言語処理などの、分野ごと、医療、金融、製造などの産業ごとに、最新情報をキャッチアップしておくことが大切です。たとえば自動運転の企業を受ける場合、「self-driving」「autonomous driving」「自動運転」といった単語を、arXiv.org(論文データベース)、YouTube、SlideShare、Qiitaで複合検索すれば、かなりの情報量にアクセスできます。特に論文情報は、今月のものであれば応募先企業も取り入れていない最新技術について触れられます。

面接対策

[WhatとHow]自分は何をどのように活かして活躍できるか

「私は○○という技術、△△という経験を御社の□□プロジェクトの××の部分に活かして活躍できます」という仮説ストーリーを複数用意しておきましょう。What(技術、知識、経験など)とHow(どのように)を準備しておくことで、自分がその企業でいかに活躍する人材であるかをアピールできるようにすることが大切です。

例)

私はTensorFlowライブラリを使ったCNNの構築で、京都大学病院のMRI画像を解析しており、先端のその分野の論文も英語で読み込んでいました。御社の自動運転技術にも物体検出・画像認識が使われているはずなので、そのものズバリではありませんが、私の経験が活かせそうです。

私は学生時代にFXで儲けようとして、独自に機械学習モデルを構築し、FX APIから取得した時系列相場データを分析して売買に役立てていました。御社はIoTを使って製造業の製造機械のデータを時系列分析すると聞いたので、ジャンルは違いますが私の経験を応用できる部分があるのではと思っています。

私は機械学習の実務経験はありませんが、Kaggleで不動産価格予測にチャレンジし、コンペティションで上位20%に入りました。主にランダムフォレストとサポートベクターマシンを使いました。御社はホテルの宿泊価格レコメンドAIを販売していらっしゃいますが、ジャンルは違うものの類似の考え方を応用して、ジュニアエンジニアとして貢献できそうだと思っています。

[Why]自分はなぜその企業を志望したか

「御社のミッションにおける○○が、自分の信条である△△と合致しており、共感を覚えています」のように、志望動機をきちんといえるようにしておきましょう。自分が企業の方向性やビジョンに合っているかどうかをすり合わせる意味で、志望動機について詳細に答えられるようにしておくことが大切です。年収は切実であり大事ですが、採用する側から見ると、お金だけが目的で入ったメンバーはすぐに他社に引き抜かれて辞めてしまうリスクがあると考えています。自分はフィットしている、という点をしっかりアピールしましょう。

3つの質問を用意しておく

面接の最後には「何か質問はありますか」と聞かれます。ここで企業の事業や技術について本質的な質問ができるように、事前に調査した上で質問を3つ用意しておきましょう。

良い例)

社長様が先日のインタビュー記事でアメリカとイギリスに進出するといわれていましたが、今後の人口増から考えると医療データ関連ビジネスが伸びるのは東南アジアとインドだと私は思っています。そちらのマーケットに関してはどのように考えていらっしゃいますか?

先日のCTO様のSlideShareで、御社の今後の差別化要因は製造業での強化学習の応用とおっしゃっていました。でも実際にアカデミアを調べても、そのような事例は世界でも少なそうでした。大変興味があるので、ぜひ詳しく教えていただけないでしょうか?

Wantedlyで社員のスキルアップに力を入れていると人事の方がおっしゃっていましたが、具体的にどのようなことをなさっていますか? 私は書籍を買ったり有料セミナーに行ったりしてスキルアップしたいのですが、会社から補助は出ますか? 同様に、働き方改革に積極的に取り組まれているようですが、そちらに関してもぜひ教えていただきたいです。

⇒事前リサーチをし、自分の仮説や要望を準備し、洞察に基づいた質問をすると好印象を得られる

悪い例)

前職がブラックなところがあって困っていたのですが、御社も終電まで残業したりしますか?

⇒「皆さんの残業レベルはどのくらいですか?」とさらっと聞くべき

質問はありません。

⇒採用企業に興味がないと思われる。準備不足にも見える

御社の技術的強みはどこですか?

⇒できれば同業界のAI企業を3社は調べて比較した上で仮説をぶつけるともっと深い質問ができる

技術試験対策

「どのような試験が行われるか」を事前に聞く

技術試験が行われるのは、企業全体の25％程度といわれています。技術試験があるとわかったら、事前にどのような試験かを質問してみましょう。企業によっては、「統計学で数式を解く」「C++でプログラミングをする」など、その概要を教えてくれる場合があります。遠慮せずに聞いてみることが大切です。

ホワイトボードで数式を解く

技術試験でよくあるのが、「その場で数式の問題を出され、ホワイトボードで解く」という形式のものです。この試験については、数式の解き方がわからなければまったくのお手上げ状態になってしまいます。その企業が扱う技術や事業の内容から、使用される数式を推測し、きちんと理解しておきましょう。

プログラミングを行う

Pythonなどのプログラミング言語でコーディングをする試験もよく行われます。課題を出され、その場で制限時間内にコーディングする場合や、持ち帰って数日後に提出する場合などがあり、その方法はさまざまです。前者の方法では普段からコーディングを行っていなければ厳しいですが、後者の方法ではいろいろと調べることが可能であり、コーディング能力より課題解決力を評価される場合もあります。

AIエンジニアへの面接想定質問集

- 技術的なスキルや経験を中心に自己紹介をしてください。
- 今、ざっと教えていただいたスキルのうち、コンピュータビジョンと組み込みの部分は弊社に関係があるので、もっと詳しく教えてもらえますか?
- 今まで経験した技術アーキテクチャを一通り教えてください。
- 金融機関での顔認証技術実装のプロジェクトの部分ですが、どのようなソリューションを使ったか、そのソリューションを選んだ理由もあわせて教えてもらえますか?(これまでの業務への取り組み方については複数聞かれる可能性あり)
- 弊社では自動運転技術開発の中で、地図情報と一緒に標識の読み取りも行うので、そこでの画像認識精度向上が課題になっています。社内ではこういったディスカッションも多いです。どのようなソリューションで精度を向上させれば良いか意見を聞かせてください(何度も掘り下げて聞かれる可能性あり。社内に軽くジョインしたシミュレーションとして議論する。完全な答えは求めておらず、筋の良さとアプローチへの姿勢をチェックしている。この部分は採用企業の技術について予習が必要)。
- なぜ弊社で働きたいと思ったか教えてください。
- なぜ弊社があなたを採用したほうが良いと思われますか?(外資系では特に重要)
- どんな人柄だと知人や同僚にいわれますか?
- あなたの強みと弱みは何ですか?
- 今後5年間のキャリアプランを教えてください。

column

AI業界でも女性が活躍する機会が広がる

2015年8月、「女性活躍推進法」(女性の職業生活における活躍の推進に関する法律)が国会で成立しました。この法律により、仕事で活躍したいすべての女性が個性と能力を十分に発揮できる社会を実現するために、女性の活躍推進に向けて行動計画を策定・公表したり、女性の職業選択に役立つ情報を公表したりすることが国、地方公共団体、民間企業に義務付けられています。

経済産業省による「IT人材の最新動向と将来推計に関する調査結果(平成28年6月10日)」では、IT人材の女性の構成比がわずか24.1%であり、IT人材の不足する状況において女性の活躍がより一層期待されると述べています。AI業界に関しては、公的な調査の結果はありませんが、100人に1人ほどの割合です。IT人材以上に不足するAI人材についても、女性の活躍がより一層期待されています。

IT業界にしろ、AI業界にしろ、実力の世界であり、性別による不利・有利はありません。したがって、圧倒的に男性が多かったIT業界に徐々に女性が増えていったように、AI業界にも多くの女性が進出することが期待されています。

●IT関連産業における「女性」の比率

業種	男 性	女 性	合 計	女性構成比
ソフトウェア業	538,132人	130,842人	668,974人	19.6%
情報処理・提供サービス業	203,951人	90,039人	293,990人	30.6%
インターネット付随サービス業	30,881人	16,032人	46,913人	34.2%
合計	772,964人	236,913人	1,009,877人	23.5%

(平成27年特定サービス産業実態調査確報より)

第2部　実務編

第6章

私たちの身近にある、AI技術を用いたサービス・プロダクト

ここまで、AIエンジニアになるための勉強法や面接対策などを紹介してきました。本章では、現在実際に開発が進められているAIをビジネス活用したサービスやプロダクトについて紹介します。
機械学習では、インプットするデータの種類がいくつかに分かれます。それぞれのデータがどのように活用されているのか、見ていきましょう。

機械学習を使った ビジネスアプリケーション

第1部では未経験の状態からAIエンジニアになるためのノウハウを紹介してきました。それでは実際にAIエンジニアとして働くとき、どんなサービスやプロダクトに関わることになるのでしょうか？
ここからは、より具体的に業務や転職のイメージを持つために、実用化されているAIの技術事例について見ていきましょう。

大量のデータから機械自ら「判断」する

「機械学習」について改めて整理しておきましょう。ここまで、AIと機械学習を並列で用いて解説してきましたが、正しくは「AI」の中に「機械学習」が含まれます。

現在実用化されているのは、ほとんどが「特化型AI」を搭載したプロダクトで、大量のデータから学習することで、ある分野の判断や問題解決、作業などを自動で行うことができるというものです。今まで人間が行っていた判断や作業の中にルールや規則性を見つけ出し、時には人間以上の答えを自動的に出し、業務を効率化・最適化します。

では、どんなデータを機械学習では利用することができるのでしょうか。種類ごとに見ていきましょう。具体的には、「画像データ」「動画データ」「テキストデータ」「音声データ」「時系列データ」の5つに分けることができます。

●機械学習の仕組み

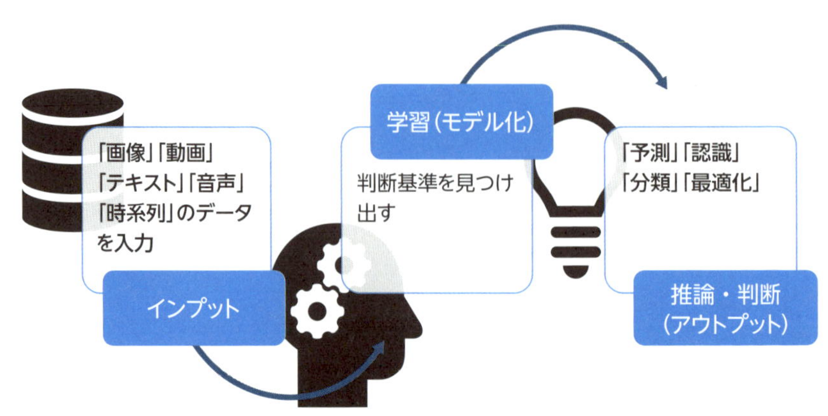

画像データを用いた機械学習

画像データを用いた機械学習は、FacebookやAppleのFace IDなど、私たちの生活になじみのある場面で多く利用されています。それぞれについて、詳しく見ていきましょう。

Facebookなどのタグ付け

SNSで活用される、「タグ付け」機能、たとえばFacebookでは、ユーザーによって人物を含む画像が投稿されると、「これは山田さんですか？」と人物名がレコメンドされます。

ここには、機械学習を活用した画像認識技術が使われています。近年はディープラーニングを活用して画像にある小さな特徴まで自動的に抽出し、情報を組み合わせることができるようになりました。Facebookでは、日々投稿される写真データとそこにタグ付けされる情報を機械学習に学習させるのはもちろん、誤ってタグ付けされたことをユーザーにフィードバックしてもらう仕組みなども用意しており、これにより認識精度は日々向上しています。

AppleのFace ID

Appleの「Face ID」も、画像認識技術を用いたテクノロジーとしてユーザーの生活の一部に入り込んでいます。

従来、セキュリティ対策が必要なサービスやデータを使用するには、パスワードの手入力によるロック解除が一般的でした。一方、「Face ID」は顔の特徴を認識して画面ロックを解除したり、パスワード入力の手間を省略してくれたりします。ユーザーがあらかじめ登録した顔の画像と、Face IDの画面上で取得した画像データを比較し、同一人物であればセキュリティ認証を解除する、という仕組みです。

こうした顔認証機能はAppleが有名ですが、中国でも開発に力が注がれています。特にFintech業界でのニーズが高く、中国のスマートフォン市場全体に高度な顔認証機能が組み込めるよう、各OSをベースにした開発が進められています。

エルピクセルの医療画像診断支援システム

エルピクセルは東大発のベンチャー企業で、画像認識技術を得意としています。なかでも注目したいのが、医療画像診断支援システムです。

たとえば、がんの画像診断については、経験を積んだ医師であっても容易に判断するのは難しいとされます。見落としを防ぐために医師は何千枚という画像に目を通さなければならず、多忙を極める医師がこの作業に長時間を費やすのは必ずしも生産的ではありません。

そこで同社では、CTスキャンで撮影された何万枚もの画像をAIに学習させ（インプット）、がんや腫瘍が疑われる画像にマーキング（アウトプット）する技術を開発しました。医師は、AIがマーキングした抽出された画像だけを確認すれば良く、業務の大幅な効率化につながると期待されています。

注意すべき点は、これは医師の仕事をAIに置き換える技術ではないことです。あくまでも医師を支援する技術として発展しています。従来、1,000枚の画像をチェックしていた医師が50枚の画像を見るだけで診断できるようになれば、生産性は飛躍的に高まると考えられます。その空いた時間を他の患者の診断にあてられるようになるのだから、言い換えれば、さらに多くの人の命が救える可能性があるということです。社会的にも意義の大きいサービスです。

●ライフサイエンス分野で先駆けとなる東大発のベンチャー企業エルピクセル

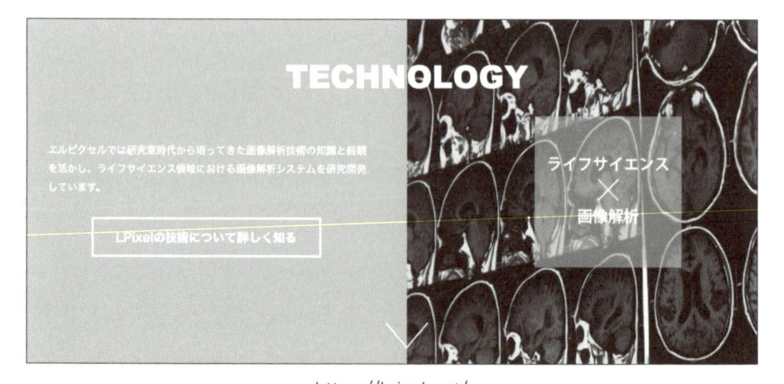

https://lpixel.net/

シナモンが手がける文字認識

書類の文字を画像から認識し、テキストデータとしてアウトプットするAI文書読み取り。この技術自体は以前からあったものですが、従来型の一歩先を行くcinnamon

(シナモン)のテクノロジーについても紹介しておきましょう。

日本では行政や金融などのさまざまなサービス業界において、紙の文書をやりとりする場面が非常に多いです。こうした手書き文書が業務効率化の妨げになっています。

シナモンはこうしたボトルネックを解消するため、AIでさまざまなパターンの手書き文字や不定形のドキュメントを認識・学習させ、テキストデータとしてアウトプットする技術を開発しています。従来、金融や保険業界では手書き文字の文書をデータ化するために、膨大な数のマンパワーを投入してきました。そうした作業をAIが行うようになれば、コスト削減に大きく役立つことはいうまでもないでしょう。

動画データを用いた機械学習

「動画」は「画像」に時系列情報を加え、連続性があることが特徴です。動画データを用いた機械学習は、自動運転技術や防犯カメラの動画解析、産業用ロボットなどに搭載されています。

自動車メーカー各社の開発競争、自動運転技術

動画データを用いた機械学習の最先端技術のひとつの例が、自動車の自動運転技術です。

自動運転技術の開発は、国内外の多くのメーカーが取り組んでおり、既に現実的なレベルになりつつあります。なかでもアメリカのテスラは他のメーカーに先駆けて開発に取り組んできました。ネバダ州やカリフォルニア州では、既に公道をテスラの自動運転車が走っています。

自動運転技術は、地図情報を活用しながら、車の周りにいる(ある)さまざまな物体のデータを収集します。他の車、歩行者、自転車、道路、信号の色、標識……それらの情報を解析し、最適な運転を車自身が行います。周囲の情報を収集するための画像認識技術と、自動車の制御を行うソフトウェアの両方に機械学習の技術が用いられており、運転手の負担を下げるだけでなく、安全性の向上や新しいモビリティの形を検討する上でも注目を浴びています。

●完全自動運転対応ハードウェアを搭載したTESLA Model S

https://www.tesla.com/jp/models

中国で進む、防犯カメラの動画解析

防犯カメラの映像は昨今、さまざまな事件の解決に貢献しています。世界中で日々蓄積されていく防犯カメラ映像を解析することはいろいろな発展をもたらしそうですが、防犯カメラ映像には不特定多数の人物が写り込むため、むやみなデータ利用は個人情報の濫用につながりかねないとも懸念されています。

こういった現状で抜きん出ようとしているのが中国です。中国では今、防犯カメラの映像解析技術が非常に進んでいます。理由のひとつとして、政府が個人にひもづくあらゆるデータを管理していることが挙げられます。治安正常化のためであれば、ある程度自由にデータを分析できる環境にあるのです。

こういった背景から、中国では防犯カメラによって得られる動画データを解析し、犯罪者やテロリストを検知する技術の開発が進んでいます。実際に町中に設置されたカメラから動画を拾い上げて特定の人物を割り出したり、警察官が顔認証眼鏡をかけて警備にあたったりするなど、機械学習の技術が国や地域の治安維持に役立てられています。

戦闘機などへの搭載

動画データの認識技術は軍事でも利用されています。とりわけアメリカでは多額の予算を投入し、軍事におけるAI利用が進められているといわれています。

たとえば、戦闘機や爆撃機にカメラを搭載し、それによって得られたデータを分析することで、標的へのミサイル命中率を高めるという研究も行われています。あるいは取り付けられたカメラで撮影された映像を基に、自動運転することも可能になっていきます。

以前から軍事においてコンピュータビジョンの技術は用いられていましたが、機械学習が導入され、より細かいモニタリングが行えるようになったことで精度は高まり続けています。

ファナックの産業用ロボットへの搭載

動画解析は、産業分野でももちろん用いられています。

ファナックは山梨県に本社を持つ産業用ロボットメーカーです。黄色い産業用ロボットは同社の代名詞ともなっており、世界中に輸出されています。

同社は自動車工場のロボットアームに画像認識の機能を持たせ、ボトルネックとなっていた作業のプログラミングを自動化することに成功しました。自動車の製造ラインでは、パーツの組立てやネジ締めといった作業を産業ロボットが担っていますが、ロボットが苦手とする作業がいくつかありました。その代表例が「バラ積み取り出し」という作業です。

ロボットアームが容器からパーツやネジを取り出す動作は、最も基本的で重要なタスクです。しかし、対象となるパーツが整然と並んでおらず、たとえばネジが容器の中にグチャっと積まれた状態において、ロボットがひとつひとつネジを取り出すのは困難でした。現在では3Dカメラで容器の内部の映像を取得し、状況を把握して能動的に動けるようディープラーニングをさせることによって、「バラ積み取り出し」作業が可能になりつつあります。精度が高まれば、人間は部品を補給する程度の作業で済むようになります。

●7,000億円の世界売上げを誇る産業用ロボットのファナック

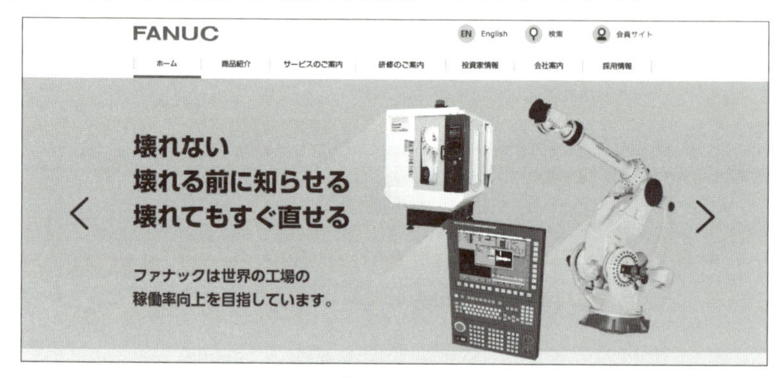

https://www.fanuc.co.jp/

テキストデータを用いた機械学習

テキストデータを用いた機械学習は、WatsonやGoogle翻訳など、早い段階から活用が進められてきました。

自然言語処理といえば「Watson」

この分野で最も代表的なのは、IBMのAI、「Watson（ワトソン）」でしょう。同社はWatsonをAIではなく、「拡張知能（Augmented Intelligence）」と表現しており、本書執筆時において大小合わせて12種類のAPIを活用することができます。

言語解析系APIがテキスト（自然言語）処理を行うのが特徴です。たとえば、WebサイトやSNS、メッセージアプリと組み合わせることで、チャットボットのような対話型サービスを導入することができます。また、小売業やサービス業、銀行など、顧客との対話が必要な業種において、応答を自動化することも可能です。

「Watson」の自然言語処理では「Word2Vec」という技術が特徴的です。これは言葉と言葉の距離を測る技術で、たとえば「man（男性）」と「boy（少年）」という2つの単語の関係は「woman（女性）」と「girl（少女）」の関係と同等である、といったように、ある単語と他の単語との関連性を位置情報として確立することができます。

この技術を応用すれば、たとえばユーザーの質問が「クレジットカードは使える？」「クレカは使える？」「VISAカードは使える？」のいずれかだったとしても、それが同じような意味を示していることを数学的にベクトル間の距離として判断します。

こうした「Watson」のような言語解析系AIモデルを使えば、確立されたルールに基づく（ルールベースの）チャットボットだけではなく、ある程度、幅のある言葉の意味をくみ取れるようなチャットボットを作り出すことが可能になるのです。

Google翻訳

Googleは早くからこのサービスを提供していましたが、ニューラルネットワークを導入しディープラーニングを活用し始めたことで精度が劇的に向上しました。自動翻訳はもともと高度で難しい技術です。なぜなら、2つの言語は必ずしも「1対1」ではないからです。

たとえば、日本語の「私は本を持っています」という文章について考えてみましょう。これを英語に訳す場合、「I have a book」なのか、あるいは「2 books」なのか「3 books」なのか、原文の日本語からは判断できません。日本語では常に数詞を含めるという概念がないからです。また、日本語にはあっても英語にはない単語、あるいはその逆などもあります。だからこそ自動翻訳は難しいのですが、Googleは約10億に上る自然言語をWeb上でクローリングすることによって独自のデータベースを構築し、この課題に取り組んでいます。

以前のGoogle翻訳では入力した文章を単語や文章の区切れごとに翻訳していましたが、ディープラーニングを活用するようになって以降は文章を「1つのまとまり」として扱うようになりました。文章の前後関係などから訳語の候補を正確に見つけ出し、スムーズに読める語順に並べ替えるなど、より正確な翻訳が可能になり、実用に役立つレベルになりました。この仕組みはGoogle Translation APIとして安価に提供されています。

●世界中のユーザーの必需品となったGoogle翻訳

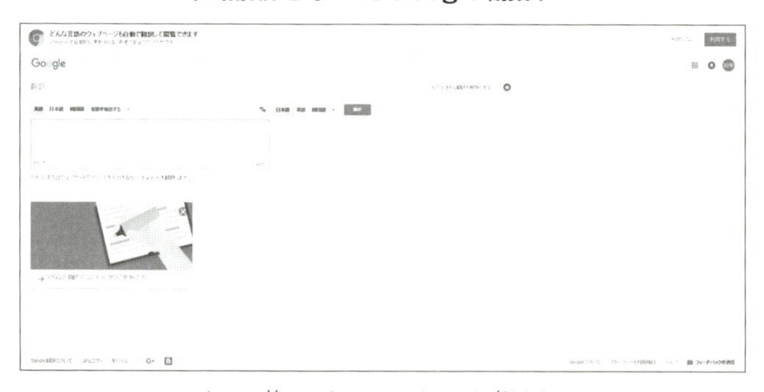

https://translate.google.co.jp/?hl=ja

FRONTEOの「AIによる特許調査」

企業が特許を申請する際には、過去に申請された特許技術の中に類似した技術がないかどうかを調べることが重要な作業となります。しかし、類似特許の検索を人力で行うには膨大な時間と人件費がかかり、それが特許申請のボトルネックとなってきました。

ここで画期的なのがFRONTEOのサービスです。AIによって文書を分類・検索し、類似特許のデータが過去にあるか・ないかを検知する技術が確立したことにより、スピーディーかつ低コストで審査ができるようになりました。こうした自然言語処理は、AIが得意としている分野です。

スマートニュースの「SmartNews」

SmartNewsでは、スマートフォンなどの小さな画面でもユーザーが快適にニュース記事を閲覧できるよう、記事の解析からタイトルの改行位置の決定まで、サービスのさまざまな箇所で自然言語処理や機械学習の技術を活用しています。

さまざまなメディアから発信されているニュースの中から、ユーザーの興味に合わせて情報を集約、表示させるための「情報収集機能」を持っています。ユーザーのクリック履歴などからAIが仮説を立て、クリックやブラウズ、あるいはSNSにおけるリアクションを活性化させるためにユーザーが興味を持ちそうなニュースをレコメンドします。

利用者の行動を基に最適な記事を配信できるよう、統計処理に基づくアルゴリズムを最適化しています。

●高度な自然言語処理で最適なレコメンドを行うスマートニュース

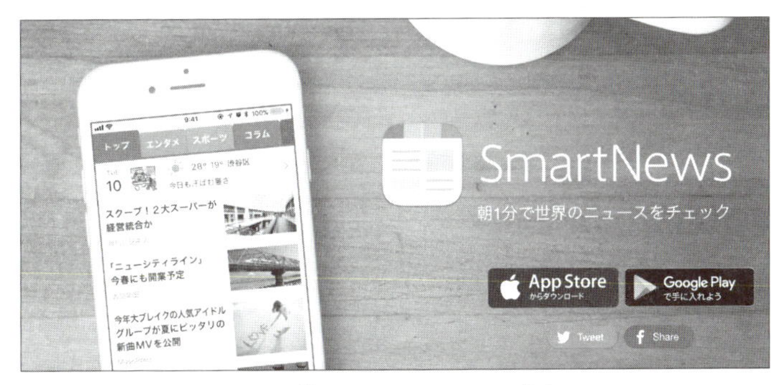

https://www.smartnews.com/ja/

音声データを用いた機械学習

音声データを用いた機械学習は、最近注目を集めているGoogleの「Home」や、Amazonの「Alexa」といったスマートスピーカーに広く活用されています。

スマートスピーカー

スマートスピーカーには「スピーチレコグニション」という技術が用いられており、人間の話し言葉を文字として書き起こす音声認識エンジンが搭載されています。たとえば、「OK Google、今日の天気は？」とスマートスピーカーに向かって話しかければ、AIがそれを文字に書き起こし、コマンドとして認識して動作するという仕組みです。

●世界シェアを着々と伸ばしているAmazonのAlexa搭載Echoシリーズ

https://www.amazon.co.jp/dp/B071ZF5KCM

YouTube

「YouTube」でも音声認識エンジンが用いられています。

ユーザーが投稿した動画コンテンツの音声を認識し、自動で字幕が流れる機能が既に実装されています。この機能を利用すれば、書き起こしをすることなく音声のテキスト化ができるようになり、自動翻訳エンジンと組み合わせれば、同時通訳も可能になります。

コールセンターでの音声認識

大手不動産会社レオパレス21は、オペレーターの業務効率化を図るため、全国5拠点のコールセンターに音声認識ソリューションを導入しました。

同社に限らず、コールセンターに電話を掛けたときに「この通話は応対品質の向上のために録音されています」というメッセージを聞いたことのある方も多いのではないでしょうか。レオパレス21では、この録音データを分析し、お客様のニーズを統計的にアウトプットしているのです。

たとえば、相談の中で最も多いのはどのような困りごとか、あるいはどのような間取りの物件が好まれているのか、どの地域の物件が好まれているのかなどを、キーワードを抽出することで分析・分類し、アウトプットします。これにより効率的にニーズを把握できるというわけです。

海外ではこの仕組みをクレーム処理に用いている企業もあります。「ふたの開け方がわからない」「家電の電源の入れ方がわからない」といった顧客からのコール。これらを情報として蓄積するだけでなく、顧客は怒っているのか、あるいは悩んでいるのか、一歩踏み込んだ分析を行います。

これは一般的に「感情分析」という分析分野で、膨大なテキストデータをネガティブかポジティブかに分類するものです。なかにはネガティブな意見を述べながらも、感情的にはポジティブな状態にある顧客もいますし、その逆の場合もあるため意外に複雑です。

企業は、顧客満足度の向上やマーケティングのために膨大なデータの中から、ネガティブな統計データだけ、逆にポジティブな統計データだけを抽出したいことがありますが、そのようなときに有効です。こうした分析は、音声認識とテキスト分析の組み合わせにより実現します。

失った声を取り戻せる?!

米コックス・メディア・グループで、声を失ったラジオ・ジャーナリストが、AIを用いて放送に復帰したというニュースが話題になりました。

病気を患い、声を失ったジャーナリストのために、スコットランドのセレプロックが過去の音声記録をAIモデルに学習させたのです。これにより、テキストをインプットすると、ジャーナリスト本人の声で読み上げることが可能になりました。機械学習が行うアウトプットとしては、「予測」「認識」「分類」「最適化」が一般的でしたが、ニューラルネットワークを用いることによって「生成」もできるようになりました。

これは、「声のモデル化」が可能になった例だといえるでしょう。

ただ、この事例は機械学習が悪用されてしまう可能性も示唆しています。自分の声を他の誰かが自由に使えるようになれば、倫理的な問題が発生します。たとえば、「振り込め詐欺」のように、家族の声を使ってだますこともできます。アメリカ大統領の声を用いて、フェイクニュースを流すこともできてしまうかもしれません。利用には慎重を期す必要があります。

時系列を使った機械学習

最後のカテゴリーは「時系列」のデータを利用した機械学習の事例です。時系列のデータというと、一般の方にはイメージしにくいかもしれません。X軸、Y軸の縦横に延びたグラフをイメージしてみましょう。横方向に延びていくX軸が時間で、Y軸ではX軸に対して何らかの変動数値を表していると考えます。

工場の機械の故障を予測する

スカイディスクでは、時系列データに特化したAI分析サービスを提供しています。製造業で用いられる産業機械にIoT機器を組み込み、データをリアルタイムにセンサーデバイスで収集するというもので、このデータを機械学習が解析することにより、故障の予兆となる変化を事前に検知するという仕組みです。

これまで、機械が故障すれば数時間にわたって生産ラインの稼働が止まっていましたが、事前に故障を検知することでロスを短縮することが可能となり、工場の生産性が大きく向上しました。

株価予測

Alpacaでは、高度なアルゴリズムを用いて、株価を予測するAIエンジンを開発しました。この分野はもともと予測が難しいといわれており、非常にチャレンジングなテーマになっています。ヘッジファンドなどはもともと高度なディープラーニングを使って予測モデルを構築しているといわれており、同社は独自のブラックボックス技術を使ってこの問題解決にあたるとともに、さまざまな金融機関との共同研究も行っています

洪水予測

一般財団法人河川情報センターでは、AIを用いて洪水予測を行うという取り組みを行っています。これは、実測水位と実測降水量といったデータから、ニューラルネットワークによって予測水位を計算する仕組みです。これにより、異常水位の検知や洪水到達時間の予測など洪水予測精度の向上が期待できるとされています。

株式会社グリッドでも、東南アジアにおいて発生する豪雨や洪水といった気象問題を解決する手段として、AIを用いた研究を行っています。災害予測は人命救助に直結する社会的意義の大きい技術であり、今後、ますます研究が進むと考えられています。

家庭の電力分析

インフォメティスは、不動産大手の大東建託と手を組み、AIを用いて家庭の電力を分析し、そのデータを利用してさまざまなサービスや提案につなげる実証実験を行っています。

これは、家庭のブレーカーボックスにサーキットメーターと呼ばれる測定機器を設置し、家電の稼働状況や電力使用量を推定する仕組みです。これにより、たとえば、独居高齢者宅の炊飯器のスイッチが入ったことを検知し、離れて暮らす家族のスマートフォンなどに通知することが可能になります。あるいは、どの家電の電力使用量が多いかなどを利用者に通知し、省エネにつなげる提案も可能となります。世界最先端ではGoogle DeepMindがデータセンターの省エネを成功させ、アメリカ政府との大規模な取り組みにも着手しています。

●Google DeepMindはデータセンターの電力消費を40%カットすることに成功

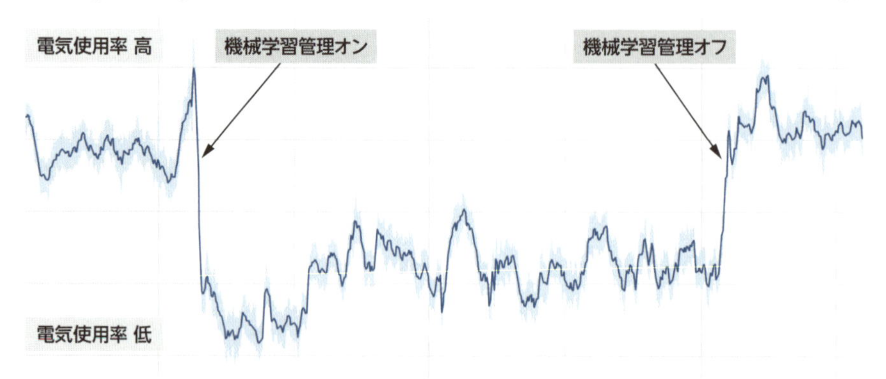

出典：DeepMind Webサイト「DeepMind AI Reduces」を一部改変
https://deepmind.com/blog/deepmind-ai-reduces-google-data-centre-cooling-bill-40/

第2部　実務編

第7章

実務のためのノウハウ

AIエンジニアは、現場でどのような業務を担っているのでしょうか。ここでは実際の現場の様子（業務フロー）を解説していきたいと思います。ちなみに、ここではあえて「受託開発」の現場を想定しました。自社サービスの場合はクライアントを上司に置き換えると良いでしょう。

ビジネスゴールを明確にする

ヒアリング

クライアントの本当のニーズを把握する

AIを用いたプロダクト・サービスなどの開発案件を受託する場合、たいていのケースでは、クライアントから「こんなことがしたい」「何かアイデアがないか」という漠然とした要件を相談されるところから始まります。そこでまず行うのがヒアリングです。どんなプロジェクトにも共通していえることですが、要件定義のために重要なのはクライアントの本当の目的を正確に引き出すことです。一般的にはコストカットや売上増などの理由が挙げられますが、実は潜在的な(裏の)ニーズはそこにはない、というケースも多々あります。たとえば、AIを用いたプロダクトをリリースすることで知名度やブランドイメージの向上を図りたい、あるいは社長がAI導入による宣伝効果で株価を上げたいといったケースです。

そうした潜在的なニーズにクライアント自身が気づいていない場合もあるので注意が必要です。そのような場合、先方が指定した要件で開発を進めたとしても、後から要件自体が変更されやすいので、しっかりと真の要望をつかみましょう。

ヒアリングにあたっては、事業部門の担当者の意見だけでなく、クライアントの組織全体を一度マッピングした上で、組織のそれぞれの部署がそのビジネスゴールに向けた課題解決にあたってどんなニーズを抱えているかを整理していきます。その上で開発のゴールを決め、プロジェクト自体の全体像を描いていくことがポイントとなります。

ゴールが決まると、何のデータが必要となるか、具体的に仮説を構築していくフェーズとなります。そこから先は仮説検証を素早く繰り返していくいわゆる「アジャイル的」なアプローチで要件を固めていきます。

これには、手軽なランダムフォレストや線形回帰といった数理モデルを使って、短い工数で軽くアウトプットを試すといった意味も含まれます。

その後、実データを取得し、最小工数での仮説検証となるProof of Conceptを構築、その結果を検証して成功といえるレベルであれば、本番の大規模開発に移ります。

●データ分析プロジェクトの業務フロー

課題解決のアクションを策定する

確認しておきたいのが、その課題の解決手段を現場レベルで使用できるかどうかという観点です。たとえば、「生産コストの削減」という大きな目的がクライアントのニーズであれば、そのために改善すべき箇所がどこで、どうすればその問題の解決(改善)が可能なのか、アクションレベルまでブレイクダウンする必要があります。アクションが起こせない曖昧なものであれば、機械学習で解決する必要があるのかを見極める必要性が出てきます。

時には「AIを使わない」提案も

このヒアリングの際には、同時にAIが「万能の魔法薬」ではないことをクライアントに理解してもらうことも必須です。クライアントの本当の目的がわかったら、そもそもAIを使う必要があるのか吟味する必要があるでしょう。AIを用いない解決方法のほうがコストパフォーマンスが良い、ということも往々にしてあります。

ただし、「何でも良いのでAIを用いたプロダクトをリリースしたい」「とにかく機械学習を用いて業務改善をしたという実績がほしい」というクライアントのニーズがあることも事実です。そのような場合は解決手段が定式化できず、「AIを使うこと」が目的化してプロジェクトのアウトプットが暗礁に乗り上げることが予想されます。

技術者やデータサイエンティストにとってやりがいがあるのはビジネスに直結する「利益を生む機械学習」のプロジェクトですが、現実的にはAIの力試し的な発注がくることもあります。実際にPoC(Proof of Concept)の発注は多いです。たとえば、PR目的であれば割り切って工数の少ない手法もクライアントに提案するなど、現実的な判断が求められる場面では、経験と勘が威力を発揮します。

しかしながら、データが極端に少ない場合や過剰な期待を受けている場合、計算リソースやソフトに縛りがあるなど分析環境が悪い場合などは、案件自体の遂行が難しい可能性が高いため、引き受けること自体に慎重になっても良いと思います。その他にも要求技術レベルが高すぎる、データの取得計画の見通しが立たないなどの場合も同様です。

ポイントはどのような案件であっても、100％の精度を出すのは無理なことをクライアントや上司に理解してもらうことです。どんな場合でも成功する保証はなく、実データをAIモデルに投入するまで精度はわからないことなどをしっかりと理解してもらう必要があります。

経営判断や改善施策をデータを基に実施

データドリブンレベルとサンプルデータのチェック

企業のデータドリブンレベルの確認

データをビジネスに活用し、経営判断や改善施策をデータを基に実施していく企業のことを「データドリブンな企業」と呼びます。

まず、その企業のデータドリブンのレベルをヒアリングします。具体的には、保有するデータ量やデータのインフラ、データベースなどの状況を聞いていきます。

レベル1

データのインフラがなく、データベースもない状態の企業を指します。そのため、データの収集方法も決まっていません。この状態の場合、まずは分析以前にインフラ作りが必要になります。また、データを取得したとしても簡単なグラフの可視化くらいしかできない可能性が高く、プロジェクトが暗礁に乗り上げる可能性が高いことも事前に伝えておく必要があります。

レベル2

SQLやMongoDBなどの分析用データベース（DB）基盤や、Webサービスの顧客データを保有しているが「貯めているだけ」という状態の企業を指します。

レベル3

分析用DB基盤などを完備している、能動的にデータを活用し始めている段階の企業を指します。データを軸に現況をつかめていて、経営の意思決定にデータを活用できています。プライベートDMP（Data Management Platform）が設置されていることもあります。このレベルくらいから、データ分析が力を発揮し始めます。

レベル4

データを基に未来の予測ができている企業を指します。状況変化に対して事前に対策が打てています。回帰・ランダムフォレストなどベーシックな機械学習モデルを使用している状態です。

レベル5

Google、Amazon、Facebookなど、ビジネスそのものがデータの上に構築されている状態の企業を指します。データドリブンな企業の究極のゴールといえます。

●データドリブン企業のレベル分け

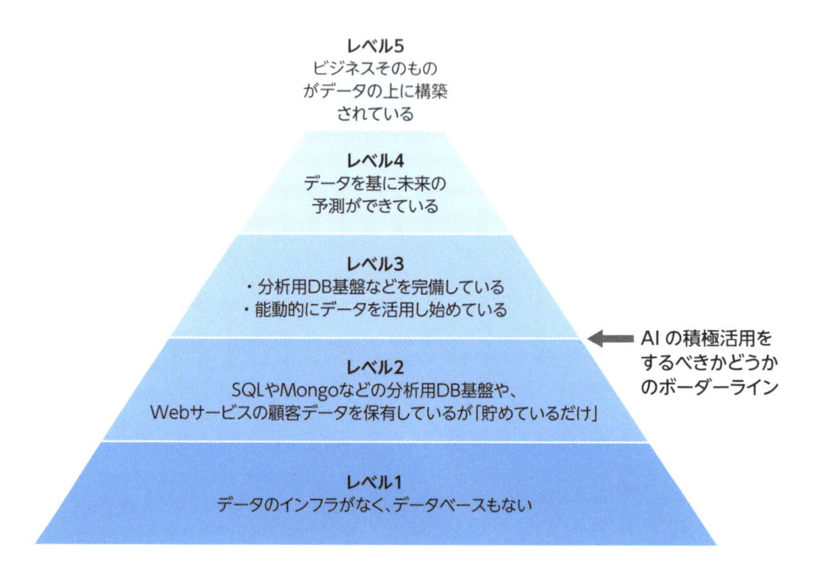

AIの積極活用をするべきかどうかのボーダーラインは、レベル2と3の間にあるというのが多くのAIエンジニアの見方です。データドリブンレベルがレベル3以上の場合に、機械学習を用いたプロジェクトが力を発揮することが多いです。それ以下のレベルの企業の場合だと、機械学習を含むシステムを開発しても現場の業務改善に至らなかったり、継続運用にかかる負荷やコストが問題となり活用が中止されたりすることも予想されます。そういったリスクを初期で避けるために、前節で説明した「AIを使わない提案」をしていくことも考えるべきでしょう。

サンプルデータチェック

クライアント企業のデータ環境をヒアリングした上で、機械学習が使えるプロジェクトになりそうだと判断できたら、サンプルデータをチェックします。サンプルデータをチェックする際には、そのデータが使えるデータかどうかという観点で見ていきます。「欠損値」（データが一部取得できない状態）がどれくらいの割合で含まれているか、目的に合ったデータがきちんと存在するか、ノイズが多すぎないかなども見ていきます。

また、サンプルデータを見て本番プロジェクトが始まってから発生し得る障害についても予測し、事前に対応を考えます。たとえばデータが存在しない場合にはどうすれば良いでしょうか。この場合は、データを作る／取得する／加工するなどの方法が考えられます。

また、外れ値の扱いをどうするかなども考えておく必要があります。平均や分散でデータを要約するのか、外れ値まで分析にかけるかを検討しておきます。

なお、プロジェクト開始前にはサンプルデータのチェックが必須となります。この工程は確実に必要ですが、多くの企業でサンプルデータ取得までには何らかのハードルがあります。想定以上の時間がかかってしまうことも多いため、依頼を受けたら守秘義務契約を交わし、早い段階からサンプルデータを見せてもらう段取りを付けておくと良いでしょう。この段取りはクライアントへのヒアリングとほぼ同時進行で進めておくことで、ヒアリングがムダになることを防ぎます。

エンジニアの経験値とセンスが問われる

数理モデル選定

アウトプットから逆算する

サンプルデータを取得できたら、「クライアントは機械学習によってどのようなアウトプットを得たいのか」を改めて確認し、アウトプットから逆算して数理モデルを選択していきます。

たとえば、最終的に課題解決に必要なアウトプットが「レコメンデーション」なのか、「イエスorノー」の決定なのかによって、どの数理モデルを選択するか変わります。

数理モデルの選択は、できるだけシンプルな数理モデルからスタートするのをお勧めします。これをアメリカでは「オッカムのカミソリ」と呼びます。目的に不要な存在をカミソリで削ぎ落として、できる限りシンプルな作戦にするアプローチです。複雑なモデルからスタートしない理由は明確で、時間をかけて複雑なモデルに取り組んだ場合、失敗したときに時間がムダになるからです。シンプルな数理モデルの代表例としては、ランダムフォレスト、XGBoost、線形回帰などがあります。数理モデルの選定に迷ったときにはscikit-learnのチュートリアルにあるフローチャートを活用しても良いでしょう。

現在Google Brainの一員として働くイアン・グッドフェロー氏の言葉で、「モデルの導入がうまくいかないときはそのモデルを早めに捨てて次のモデルに移ると良い」という主旨の言葉があります。1つのモデルに固執しすぎることなく、複数のシンプルなモデルを試していくことこそ最適なモデルへの唯一の近道だと捉えましょう。

ロスとリスクを最小限に

PoCで仮説検証

PoCの重要性

PoCは、日本語では「概念実証」と訳されます。本格的なAI開発をスタートする前に、2〜3カ月という短い期間で軽く構築できるAIで精度を試します。

具体的にはプロトタイプのAIロジックを構築することで実データによるインプット・アウトプットの精度を試します。顧客の期待値の高さや状況の複雑さによって分かれますが、この工程だけで2〜3カ月かかるのが一般的です。

ロスとリスクを最小限にする目的で、PoCは昨今特に重視される傾向にあります。その背景には、データ活用プロジェクトが単なるテストではなくビジネスの成長や売上げに直接寄与することを求められるようになってきたことが挙げられます。

前述の通り、機械学習プロジェクトはどんな案件であっても「成果の確実性」を約束できません。100%の精度を出すことは不可能ですし、その企業が大量にデータを保有していたとしても個人情報保護法やセキュリティ要件が原因で使えないパターンは往々にして考えられます。

AIに限らず、今までに前例のない施策や、評価が定まらない新技術を活用する際の顧客企業側のデメリットは不確実性が高いことです。多大な資金をつぎ込み、本格的にプロジェクトが始動した後で思うような結果が得られなければ損失も大きくなります。そうした誤算を回避するための投資判断の材料として、「PoC」は重要性を増しています。

プロトタイプの構築・検証

前節に沿って検討した数理モデルを用いてプロトタイプを構築します。サンプルデータを用いてアルゴリズムを実際に動かしてみて、そのアウトプットに対して顧客にフィードバックを求めます。顧客のビジネスモデルに合致するか、また、そのアウトプットが顧客が求めているものなのかどうかをチェックしていきます。実際には数理モデルを複数試すこともありますが、結果と仕組みについては顧客の理解度やプロセスに合わせてひとつずつ説明していくことが多いでしょう。顧客からのフィードバックをプロトタイプに反映させ、改善しながら望む結果に近づくようにプロジェクト後半は進めていきます。

PoCの検証にあたっては定量分析と定性分析の両方を行います。精度を%で表示するなど、定量評価がふさわしければ目に見える形にまとめるだけで十分ですが、事業側の担当者などビジネスパーソンの中には定量理解に慣れていない人もいます。数値の羅列だけでなく、分析サマリを付けるなどの配慮をしましょう。

また、定性評価の場合は恣意的に正しいか正しくないかを判断できてしまうため、客観的評価となるよう注意して進める必要があります。

●大掛かりな開発でなく、必要最小限の開発に止める

4カ月かけて大きな車を作ると失敗したときのリスクが大きい

1カ月ごとに最低限の工数でできるものを作ったほうが、
仮説検証もできて失敗のリスクが小さい

AIのPoCも同様に、まず1〜2カ月で完成できる開発を目指す

望む結果を得るために

データ取得とユーザー視点の重要性

データを取得する

PoCや本番の設計時使用データの取得を行います。正しいアルゴリズムを用いても、データを正しく取得できなければ望む結果は得られません。必然的にプロジェクト成功までの道のりも遠のいてしまうでしょう。思い通りの結果が出ない、うまくいかない場合は、まずはそもそも正しくデータの収集が行えているかを確認します。

たとえば、データを取得するために設置したセンサー固有の「データの癖」を見つけて補正したり、母集団に偏りがないか検討したりします。こういった問題はAIエンジニアだけではなかなか気づけないことも多いため、事業側の担当者などにも結果を共有しながら違和感がないかヒアリングすることも重要です。

センシティブなデータの取り扱い

プロジェクトの内容によっては、金融データや個人情報など、取得そのものに難航するデータもあります。データ取得に難航したときには、それが社内の事情なのかそれ以外の理由によるものなのかを整理して考える必要があります。大企業では、担当部署が違えばデータを提供してくれることもあるので交渉してみるのも一考です。その上で、近似的なデータを自分で作ったり、次ページの表にあるようなオープンデータを利用したりすることも検討していきます。

また、プライバシーの考え方や規約は組織においてかなり異なるため、センシティブなデータ(個人情報にひもづくようなデータ)の取り扱いにおいてはかなり慎重になるべきです。

●オープンデータの例

オープンデータ	URL
Open Data Network	https://www.opendatanetwork.com/
UCI Machine Learning Repository	https://archive.ics.uci.edu/ml/index.php
Kaggle Datasets	https://www.kaggle.com/datasets
GitHub Awesome Public Datasets	https://github.com/awesomedata/awesome-public-datasets
Qiitaオープンデータ取得先まとめ	https://qiita.com/tmp_llc/items/7296c5d6bb8769b18d24

実際にあった例で、とあるアメリカの小売店が許可なくレコメンドのために個人情報を使用していたことがわかり論争を呼んだことがありました。

妊娠中のユーザーにベビーグッズをレコメンドしていたことから、「なぜ、妊娠中であることがわかったんだ！」「気持ち悪い」という反応が出て炎上しました。

ユーザーの行動データを閲覧できる立場にいるデータ分析者は、どこまで高い精度を出せるか（利益を出せるか）を追求したくなってしまうこともあると思います。それ自体は決して悪いことではないと思いますが、時にユーザー側の視点が抜けてしまうこともあります。データ分析者は規約作成者との「協業」であるという感覚を持っておくようにしましょう。

何よりも、プライバシーと利便性のバランスを上手に取らないとサービスそのものが成り立たなくなる可能性もあることを肝に銘じましょう。

地味だが大事な作業

データ前処理

データはそのまま使えない

分析用DB基盤・プライベートDMP完備の現場以外、取得したデータは、そのまま機械学習に使用するとうまくいかないことがあります。そのため、分析する前に「前処理」の工程を経ることが必要です。

機械学習に入力するデータは1つに統合して表形式のデータ形式にすることが必要ですが、実際の生データはテキスト形式になっていたり、データが分散していたりとそのまま使えるデータではありません。

欠損値と呼ばれるデータの処理や、外れ値の除外、正規化(数値を0と1の間に変換すること)、集約、データ統合、データ内の重複最小化などの作業が必要です。

機械学習では、たとえば取得したデータを数値ベクトルに置き換えることが求められます。

ユーザーの購買行動を予測するモデルにおいて、性別・年代・居住地・購入回数・購入頻度などの情報を入力するとしましょう。それらを数値化したもののリストを「特徴ベクトル」と呼びます。それらのうち、「20～25歳」のような特徴量を「カテゴリカル変数」と呼びます。それぞれ「20～25歳」は0、「25～30歳」は1、と数値データに変換して処理します。このような数値データのことをダミー変数と呼びます。

こうした操作も前処理に含まれます。また、入力する情報がテキストデータの場合には単語に分割して頻度を数えたり、低頻度語を除去したりする調整も行います。

この「前処理」は地味ですが非常に重要です。優れたアルゴリズムを用いること

●データ分析の業務サイクル

と同じくらいにこの前処理をどこまで丁寧に行えるか(データを適切に整形・加工できるか)が結果の精度を分けます。

欠損値が多いとき

取得したデータの中に欠損値があること自体はめずらしいことではありませんが、そもそもなぜ欠損値が入っているのかを考えることが重要です。

IoTであればセンサーに問題があるのか、欠損値の取り扱いとしては平均値を代わりに当てはめるなどいろいろな対応がありますが、もし欠損値の量が異常に多いようであれば、その特徴そのものを分析から外すことなども検討していく必要があります。

データ同士の相関性を読んで特徴エンジニアリングに活かす

前処理の工程でデータを整形していく中で、データ同士の相関性が見えてくることもあると思います。それらを「特徴エンジニアリング」という前処理に活かすことも重要です。

先ほどと同じ、ユーザーの購買行動を予測するモデルを例に考えてみましょう。機械学習を用いて導いた予測情報を基に商品のレコメンドを出すことを目的とします。たとえば靴を買う場合、1足目に購入したサイズと同じサイズの在庫がない靴は同時に買われることは少ないでしょう。しかし、それが子ども用の靴だと同時購入の可能性が出てきます。このようなデータ同士の相関性は生のデータを見ないと把握することができません。

前処理の詳細についてはアルゴリズムや取得したデータの形式によって異なるため本書では触れませんが、考え方としては「データの概要」を正しく定量的に示すところからのスタートとなります。主成分分析(PCA:Principal Component Analysis)、t-SNEなどの次元削減、データの中でのそれぞれの特徴の重要性を活かすための処理を施します。それらの処理後、加工した二次データに対する新たな評価を行い、モデル構築のために十分な品質になっているかどうかを調べます。

なお、Team AIでは「データ前処理研究会」も開催しています。以下のQiitaに議事録を随時更新していますので、あわせて活用してください。

Qiita:データ前処理手法まとめ(by Team AI)
参考:https://qiita.com/daisuke-team-ai/items/1e31e68e6fcf61ddd52d

本番アウトプットに向けた作業

パラメータチューニングと仮説再検証

パラメータチューニングでより良い結果を得る

データをインプットし、学習をさせて、アウトプットと精度を確認したときに、より良い結果を出すために行うのがパラメータチューニングです。モデルに組み込まれている数値設定を手動で変えて、最適だと思われる数値に調整していき、アウトプットの精度を上げていきます。

まずはビジネスドメインを理解している担当者などが導き出した正解など、ベースラインとなる予測精度を決めてそれを越えることを目指します。手法としては、パラメータの幅を定義し直す「グリッドサーチ」などを試します。

また、「顧客やユーザーに直接フィードバックをしてもらう」というやり方もあります。英語圏の現場では「Human in the loop」という表現をしますが、特に結果が定量ではなく定性的な形で出てくる場合、結果が理にかなっているどうかのフィードバックを人力で行います。結果が数値で出てくるものであれば数値を冷静に判断すれば良いですが、言葉でアウトプットが出てくるなどの場合はこの手法が使えます。

これらの工程を経て、十分な品質のモデルを得ることができたら、機械学習のロジックをシステムに組み込む工程へと移ります。

うまくいかない場合の仮説再検証ノウハウ

パラメータチューニングを行ってもうまく結果が出ない場合は仮説を再検証していきます。ここで1つのモデルに固執しすぎるのはナンセンスです。他の手法もどんどん試してみましょう。できるだけシンプルなモデルから試し、問題を発見しやすく、切り分けできるようにします。

モデル自体に問題がないと判断した場合は、データの筋が良いかどうかの検証もあわせて行います。特徴量を変えてみるなど、いろいろと試してみましょう。

Team AIの上級AIエンジニアは、「他の産業事例にヒントが隠されていることもある」と語ってくれました。たとえば、エンジニア目線での問題解決が失敗したら、生物学者のデータ分析がどのようなアプローチで研究しているか調査すると発見があることも多いそうです。事例のフィールドを広げると思わぬ発見があります。異分野を並列的に分析して得られるものもあるので、いわゆる「アナロジー（類推）」を応用した開発も有効です。

そのような意味で、Kaggleや他分野の研究論文（arXiv.org）はアプローチアイデアの宝庫です。他分野で活用しているフレームワークが使えることも多いので、日頃から論文に触れる習慣を作っておくといつか役に立つでしょう。

第2部　実務編

第8章

海外移住も夢じゃない？各国のAIエンジニア事情

AIエンジニアとして働くなら、海外企業への転職を検討するのも楽しいもの。本章では、世界各国のAI企業の状況と働きやすさなどを紹介します。

全米のベンチャーキャピタルの中心地

憧れの地、アメリカシリコンバレー

そもそも「シリコンバレー」とは？

海外事情に詳しくない人でも、「シリコンバレー」という言葉は聞いたことがあるでしょう。これは特定の町の名前ではなく、アメリカ西海岸のベイエリア（北から南に伸びる、オークランドからサンノゼまで続くベルト地帯。途中にサンフランシスコやマウンテンビューなどがある）を指します。もともと半導体の生産地だったことからその名が付きました。実際に訪れると、村のような雰囲気の場所もあります。スタンフォード大やUCバークレーなどのアカデミックな空気の流れるエリアを中心に木がたくさん生い茂っており、牧歌的、のどかな風景が広がっています。

シリコンバレーの中でも、近年はサンフランシスコに人口が集中する傾向にあり、セールスフォースが街で一番高いビルを建てたことでも話題になりました。

町中Uberの移動で済むので便利で、イベントが多く、おいしいレストランも多く生活レベルが高いといわれるのが理由です。

第1章でも概観をお伝えしましたが、全米のベンチャーキャピタルの資金の3分の1がシリコンバレーに集まっており、世界中からキャリアで一発当てようと成長意欲が高く野心のある人々が集まっています。それ故、世界中の情報が必然的に集まってくるのもシリコンバレーの良いところです。

アメリカHBO制作の『シリコンバレー』というドラマを見ると、現地のスタートアップ企業の雰囲気をとてもよく表しています。ただ、アメリカでは総じていえることですが、トランプ政権以降、特に移民政策の引き締めにより、在留ビザの申請が難しくなっています。就職できたとしてもビザの取得が難しいということもあるので、専門の移民弁護士（Immigration Lawyer）によく話を聞いて準備をする必要があるでしょう。

●『シリコンバレー』ではリアルなスタートアップライフが描かれている

出典：HBO Silicon Valley
https://www.hbo.com/silicon-valley

現地のエンジニアの年収は、新卒で1,200万円、バックエンドエンジニアは1,800～3,000万円、データサイエンティストは2,400～3,600万円が相場です。

これは中堅企業までの場合で、GoogleやFacebookで働けばこの数倍はもらえます。非常に夢がある世界最高の水準であることは間違いありません。

●シリコンバレーは北はオークランド、途中にサンフランシスコ、南にサンノゼまで広がるベルト地帯

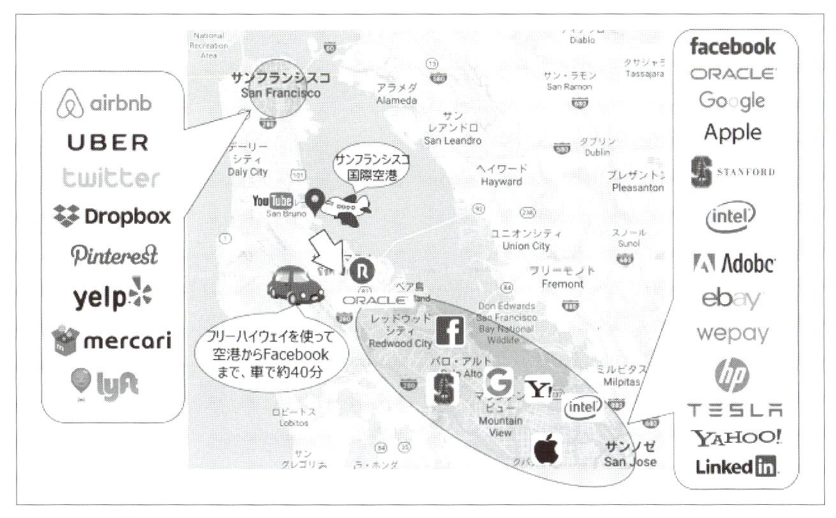

出典：HR NOTE「シリコンバレーに行ってみた｜スタンフォード大学、Apple、Google、Facebookをまわって感じたこと」
https://hcm-jinjer.com/media/contents/b-contents-editorial-siliconvalley-180129/

世界一働きやすい街

夜歩きが危険なアメリカでは、創業者以外は残業しません。夜はネットワーキングイベントに出掛けて、技術情報のアップデートをすることで、エンジニアは生産性を上げることができるので、奨励されています。

たとえば、Galvanizeという人気のコワーキングスペースには、シリーズAステージくらいのスタートアップ企業がたくさん入居していますが、18時を過ぎると誰も働いていません。

さらにアメリカは業務が機能別に縦割りになっているので、不得意分野を掛け持ちさせられることもありません。

定量面・定性面ともに、世界一働きやすい街です。筆者は2018年の春に現地日本人エンジニアの交流会にお邪魔しましたが、「もう日本では働けないよね！」と口をそろえていたのが印象的でした。

私の目から見ても、日本人は真面目でスキルも高いので、英語力・粘り強さ・自信を身に付けて、もっとたくさんの方がシリコンバレーを目指しても良いように思います。

多数のスタートアップ企業も存在

意外と現実的?シリコンバレーで就職活動

シリコンバレーの大企業

アメリカ西海岸には「GAFA(ガーファ)」と呼ばれる巨大企業が集まっています。「GAFA」とは、「Google」「Apple」「Facebook」「Amazon」の頭文字を集めた呼称です(Amazonはシアトルではありますが……)。

世界企業の中でも時価総額のトップを争うこの企業は、データの保有量を見ても世界で類を見ないデータベースのコンソーシアムを作っており、他の企業を寄せ付けないレベルです。これらの企業による市場の独占については批判も多く、日本ではその危機感から、2016年12月に官民データ活用推進基本法が施行されるなど、データ分野での対策が講じられるほどとなりました。

しかし、待遇や条件面、開発環境なども整備されており、シリコンバレーにおいては「アカデミアにいるよりも企業にいたほうが良い研究ができる」とまでいわれています。

エンジニアとして働くからには、これらの企業で働いてみたいという方も多いのではないでしょうか。採用されるためには、相応の実力を付けてから挑む必要はありますが、これらの企業でもAIエンジニアが不足していることは確かです。具体的には、「Indeed」「LinkedIn」「AngelList」「Hired」「Glassdoor」などの人材募集サイトから問い合わせるほか、企業HPから直接申し込むというルートもあります。初期はリモートで面接を受けるのも一般的です。

世界レベルでも飛び抜けて実力が高ければ、年棒数千万〜数億円の可能性もゼロではありません。また、企業間の人材引き抜きや起業も活発です。Google本社は、起業を理由に一度退職しても、退職後1〜2年であれば、ほぼ自由に復職できる権利があるそうで、むしろ起業したことでスキルがアップしたと理解され、歓迎されるそうです。総じてハードワークになることは間違いありませんが、好環境で働き、優秀なエンジニア陣と切磋琢磨し合うことで、経済的にも、知的にも満たされた生活を送ることができるのではないでしょうか。

●各領域で世界圧倒的1位を誇るGAFA企業

スタートアップ企業

シリコンバレーには多数のスタートアップ企業やベンチャー企業が存在します。スタートアップ企業とはいえ、グローバルの英語圏10億人市場を相手にしている会社がゴロゴロあるので、東京以上に圧倒的なエンジニア不足が発生しています。

「石を投げたらスタートアップ企業にあたる」とまでいわれており、町中の誰もが起業している状態です。同時に、どの企業もAIエンジニアなどの人材を常に募集しているので、GAFAなどの大企業で働けなくても、諦めずに就職活動を続けることで、どこかのベンチャー企業に参画できる確率は非常に高いです。こういった企業ではAIの先端技術を使ってとがったサービス、プロダクトを展開していることも多く、成長性やスピード感を感じながらエキサイティングに働くことができるでしょう。

就職活動としては、「Crunchbase」「AngelList」などのサイトから情報を調べて申し込むのが一般的ですが、町中でミートアップイベント、企業イベント、ハッカソンなどが毎日のように開催されていますので、そういった場に顔を出して人脈を作るのも効果的でしょう。それらのイベントは「Startup Digest」「Meetup」「Eventbrite」などから検索できます。ちなみに、筆者の友人のデザイナーで、HTMLも苦手ということで、WIXでフロントエンドページを作ってシリコンバレーで稼いでいるフリーランスがいます。

ものすごく高いスキルを持っていないければシリコンバレーでは働けないイメージがありますが、現地のIT業界は超巨大で、裾野も広いのでどこかの会社では働けると思います。

シリコンバレーで働くデメリット

ITの好景気で悪影響が出ているのが住宅環境です。給与は高いですが、一人暮らしでもサンフランシスコの場合、家賃だけで月に50万円以上かかります。

オークランドやデーリーシティといった、BART（ベイエリア高速鉄道）で20～30分のところなら3割くらいは安いと思いますが、住みにくいのは明らかです。筆者も2015年にシリコンバレーで、OneTractionというアクセラレータ（起業家育成組織）のブートキャンプを受けていたとき、住居に関するすべてのWebサイトをあたりましたが、結局アパートが見つからずホテル住まいになり、3カ月間、月50万円払っていました。

家賃高騰の結果、中心部にはホームレスがあふれています。街全体が高所得のエンジニアなら良いのかもしれませんが、非ITの仕事の方々はこの家賃の高い街でどうやって生活しているのだろう、といつも不思議でなりません。また、人口100万人くらいの街なので、ソーシャルライフというか、夜の飲み会イベントはとてもこぢんまりとしていて、ニューヨークなどと比べて夜はとても静かです。

他にも、銃社会なので夜はブラブラできませんし、食事もアメリカ内ではおいしいほうですが、東京に比べるとバラエティに欠けると思います。

メリットである働きやすさや高収入に対して、高い家賃と刺激の少なさはデメリットとして挙げられると思います。

支出が非常に多いので、企業側が高い賃金を出さないと人が集まらない問題はあると思います。現地の日本人エンジニアの方も「年収1,000万円くらいだと超貧乏生活を強いられる」とおっしゃっています。

脱シリコンバレーの動き

こうしたことから、脱シリコンバレーを目指す動きも出てきています。

筆者の友人であり、起業家育成組織Yコンビネータ出身の社長は数億円を資金調達しましたが、上記の高給与を払っていてはすぐに資金が尽きてしまうため、CEO／CTOなど少数のコアチームをサンフランシスコ、その他10人くらいの開発チームを物価と給与の安いロサンゼルスに構え、コストを最適化しています。

また、アンチシリコンバレー的な思想も広がってきました。シリコンバレー一極集中の文化を手厳しく批判する経営者も多く、特にサンフランシスコの“Startup Fatigue（ハイテンションなスタートアップ生活疲れ）”が原因で他の都市に移住するエンジニアも少なくありません。

その他のアメリカの都市

ニューヨークのAI企業事情

アメリカの経済の中心、ニューヨーク。ニューヨーク大学(NYU)、コロンビア大学などの教育機関や、ウォール街のニューヨーク証券取引所(NYSE)など、株式市場に関連した金融関係の企業も多く、AIを使ったビジネスとしては特にFintech領域の企業が急速に発展しています。

「Two Sigma」というヘッジファンドでは、600人の数学者を抱えて、世界最先端のブラックボックスAIモデルを構築、日々市場分析をしているというのはAI業界では有名な話です。Kaggleにもリクルーティング目的でTwo Sigmaのコンペティションが登場し、匿名化されたヘッジファンドデータが出品されています。消費者に近いのでアパレル、メディア関連の企業も多く、全体的に華やかな雰囲気です。

ニューヨークの良いところのひとつは、夜のソーシャルライフが充実しているところでしょう。ニューヨークからシリコンバレーに移住したエンジニアからは、「シリコンバレーはパーティが少ないから寂しい」という声もよく聞かれるそうです。1年を通じて過ごしやすい気候ですが、冬場の寒さはかなり厳しいので覚悟が必要です。

●数学者600人を擁し最新アルゴリズムを開発するヘッジファンドTwo Sigma

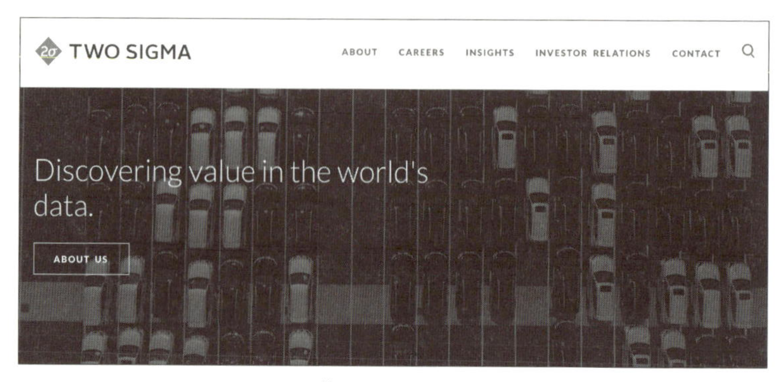

https://www.twosigma.com/

ロサンゼルスのAI企業事情

アメリカの西海岸を代表する都市のひとつです。シリコンバレーに対抗してシリコンビーチと呼ばれるサンタモニカからベニスビーチまでの一帯です。海辺の街並みはとても解放的で、TinderやSnapchatなど、シリコンバレーと違いエンターテインメント性の高い企業が多い印象です。カリフォルニア大学ロサンゼルス校（UCLA）や南カリフォルニア大学（USC）などの教育機関のほか、ハリウッドが有名なようにメディア、音楽、映画などエンターテインメント系グローバル企業も多く存在します。代表的な例だと、ディズニーの本社や野球チームのドジャースがテックアクセラレータを作ってスタートアップ企業を育成しているなど、歴史ある企業が積極的にテクノロジーに投資しています。

1年中温暖な気候で、クリスマスもTシャツと短パンで過ごせるため、のんびり仕事ができると人気のエリアです。前節でお伝えした通り、脱シリコンバレー的な動きが高まってきており、CTOとCEOだけシリコンバレーにいて、ロサンゼルスに開発拠点を持つという企業も増えてきています。

●ロサンゼルスはサンフランシスコより家賃が半分ほどで暮らしやすい

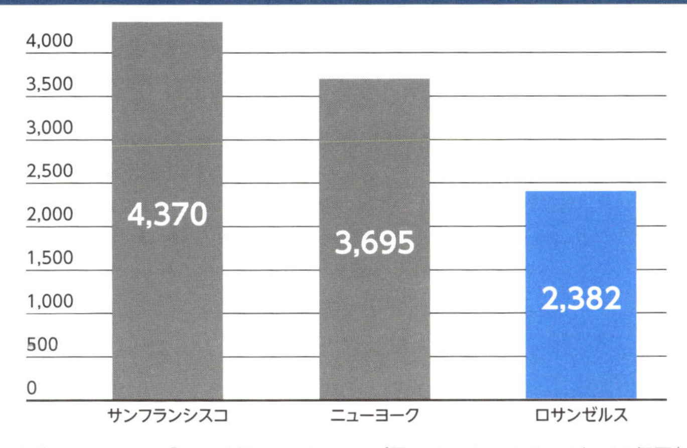

出典：Just Simple「アメリカ第3のスタートアップ圏 ロサンゼルス シリコンビーチの概要」
http://breakthroughmlab.com/siliconbeach

その他の地域のAI企業事情

AIエンジニアの転職で候補に挙がる先としては、他にテキサス、シアトルなどがあります。テキサスはここ数年、SXSWというテックと音楽の祭典の盛り上がりから有名企業が次々と進出しており、オースティンを中心にこれからテック企業が成長していくと予想されています。シアトルも同じで、MicrosoftやAmazonは巨大なグローバルカンパニーであり、そこから大規模な出資を受けたスタートアップ企業が頑張っています。

また、これはアメリカではありませんが、カナダも狙い目です。アメリカより入国しやすく、ビザも取りやすいので、海外移住におけるハードルは低いです。トロント大学のジェフリー・ヒントン教授はAIのゴッドファーザーと呼ばれています。2012年圧倒的高性能なディープラーニングモデルでアカデミアのコンペティションで優勝、第3次AIブームの火付け役になりました。カナダのアカデミアは、格式が高いと思われがちなアメリカのアカデミアに比べ、海外から共同研究を申し込みやすいという状況もあります。これはカナダ大使館が仲介してくれます。

筆者が選ぶアメリカのAI企業

ここまでお伝えしてきた通り、アメリカには数多くのAI関連の企業が存在しますが、その中でも筆者が注目している企業をいくつかリストアップしておきたいと思います。

●筆者お薦めのアメリカのAI企業

企業名	AIの活用分野
Algorithmia	APIマーケットプレイス
Landing.ai	製造業AI
Voyage	自動運転
H2O.ai	機械学習オープンソース
Numerai	AIを活用したヘッジファンド
SoundHound	音声認識エンジン
Orbital Insight	人工衛星画像の分析
Noom	ヘルスケアアプリ
Freenome	遺伝子分析
Twiggle	自然言語処理を応用したEC検索

もちろん、ここに挙げた例はほんの一部です。日々新しいスタートアップ企業が生まれ、企業の勢力図も変わります。最新の情報は海外のAI業界メディアなどでもチェックしてみてください。

AIエンジニアとして働くならば、その動向から目が離せない国

スピード感と規模が桁違い 中国のAI企業

最強のAI実装社会

AIエンジニアとして働く上で、その動向から目を離せないのが中国です。中国は、世界最強のAI実装社会になると思います。今後は事実上、AI技術は中国とアメリカの二巨頭で争うことになるでしょう。

ご存じの通り、中国では共産党の単独政権のため、プライバシーの問題、著作権の問題など、日本や欧米で技術実装の壁になる課題が民主主義よりクリアしやすく、技術特区の設置などでものすごいスピードで社会実装されていっています。一党であれば国会で議論する必要がないため、国中の防犯カメラを解析できるようにしたり、山手線サイズの自動運転特区を作ったりするなど、国家全体がテクノロジー発展に本気になっています。

これは、第1に中国の国そのものの統括にAIが活用できると考えているからです。第2に、ビジネスとしても有望なため国力の増強にもつながると考えています。

筆者の私感ですが、シリコンバレーの仕組みや手法の長所、つまりイノベーションのベストプラクティスを世界中に送り出した大量の起業家・研究者を通じて吸収し終わり、中国国内に"シリコンバレー的なエコシステム"を作ったのだと思います。ディープラーニングの学術ジャーナルへの出稿ではアメリカを抜いています。

海外で活躍して中国に戻るビジネスパーソンを中国語で海亀(ハイグイ)といいますが、そういった凱旋帰国組が最近目立つようになりました。

Google、Facebook、Twitter、YouTubeなど、外国からのサービスが遮断されているグレートファイヤーウォールの中の閉じた13億人市場でインターネット企業を成功させれば、海亀起業家は億万長者も夢ではありません。10億人の英語圏を相手にしているシリコンバレーに匹敵する規模になる可能性もあります。

中国版のマイナンバー(国民番号)、交通系IC、パスポート情報、監視カメラのデー

タなどはすべて統合され、指名手配犯などは電車にすら乗れず事実上逃げられない社会です。賛否両論ありますが、犯罪の抑止には一役買っています。

●中国は学術ジャーナルの深層学習出稿数でアメリカを抜いて世界一に

「深層学習」または「ディープニューラルネットワーク」についての学術論文のうち、
少なくとも1回以上引用された論文の数

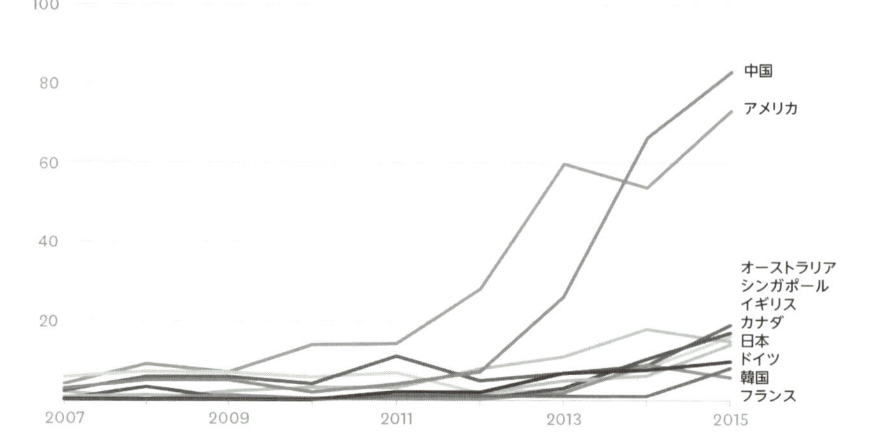

出典：Harvard Business Review : The Obama Administration's Roadmap for AI Policy
https://hbr.org/2016/12/the-obama-administrations-roadmap-for-ai-policy

中国のAI企業

中国のAI企業は爆発的な勢いで増えていますが、その中でもひときわ存在感をはなっているのが、アリババ(阿里巴巴)、テンセント、センスタイム、Toutiao(今日頭条)でしょう。バイドゥ(百度)は検索／自動運転技術を開発しており、Googleに代わる検索エンジンとして中国国内で使われています。

ソフトバンクの孫正義氏が早くから出資していたことでも有名なアリババは、5,300万人以上のユーザーを抱えるECサイトを運営しており、その他にも決済やクラウドサービスを広く手がけています。

テンセントは、会員数10億人を誇る中国国内のSNS「WeChat」や「Weibo」の運営を手がけるほか、オンラインゲームも次々にリリースしています。一般の人にはあまりなじみがありませんが、センスタイムも中国のAIを語る上では欠かせません。世界に先駆けてディープラーニング技術をコンピュータビジョンに応用し、顔認識技術で人間を超える性能を実現しました。現在は自動運転技術も開発しています。

また、最近ものすごい勢いで伸びているのがニュースアプリの「Toutiao」です。1億人以上のコンテンツ制作者によって作られており、毎日2,000万件以上の新しいコンテンツがアップロードされます。ユーザーに届けられるニュースはAIが選別し、レコメンデーションされます。

空前のAIブーム

今中国では空前のAIブームが到来しているといわれています。論文数はアメリカを抜いて世界第1位。これは多額の懸賞金が出ていることをその要因と見る動きもありますが、研究者にとっては魅力的な環境かもしれません。また、管理職になれば日本以上の給与をもらえるため、移住先として検討する人も増えています。

しかし、国内で会社を作るときは51％以上を中国人が株式保有する必要があったり、国家統治の関係から外国人にはさまざまな制限があったりするので、自由度でいうと低いといえます。

未来都市深セン

中国のITを語る上で欠かせないのが、広東省の深センです。ここにはAppleの「iPhone」の生産拠点である、フォックスコンの工場があり、世界一のハードウェア生産拠点の街として有名です。もともと30万人の人口だった小さな漁村が、たった30年で1,300万人まで増加しました。

WeChat決済が町中に普及しており、ホームレスまでQRコードでお金を集金すると冗談をいわれるほどです。

HAXというIoTに特化したアクセラレータや、プロトタイプから何百万個の量産まで生産できる現地のエコシステムを利用したIoT企業も伸び盛りで、IoTがらみのプロジェクトをやるなら深センでやるという企業もグローバルで増えています。就職先として考えるといろいろなハードルがありますが、一度視察に行くと世界最先端のIoT事情およびAI実装社会を体感できると思います。

ヨーロッパや東南アジアも目が離せない

その他の国々の AI企業事情

ヨーロッパのAI企業

ヨーロッパの中でも英語圏の情報が集まっているのはやはりロンドンです。有名な金融街シティ関連のFintech企業も多いですし、2014年にGoogleに600億円で買収されたDeepMindを抜きにしては世界のAIは語れないでしょう。名実ともに世界最先端のAI研究機関であり、1,000人の研究者をロンドンの中心に擁するといわれています。

DeepMindの創業者デミス・ハサビス氏は幼少時からチェスとポーカーの天才であり、彼のゲームへの情熱を具現化したのが囲碁の強化学習AI・アルファ碁です。その快進撃はNetflixで公開されているドキュメンタリー映画『AlphaGo Movie』に詳細に記されていますが、圧倒的な世界チャンピオンだったイ・セドルを破り、囲碁界に大きな衝撃を与えました。

囲碁は1手のパターンが361手あり、駒が減っていく将棋に比べ終盤も複雑性が収束せず、指し手のシナリオは宇宙の原子の数の総数を超えてしまうため、人間に勝つには、あと10年はかかるといわれていました。

DeepMindの代名詞ともなっている強化学習は環境から計算して報酬を最適化することによって自律的に学習するエージェントの品質を上げていくAIの中でも最新技術で、AIの次のフロンティアとして大きな注目を集めています。トップ学術誌『Nature』への論文出稿をはじめとして、ものすごいスピードで進化していくDeepMindの論文発表は他を圧倒しています。

アルファ碁引退以降、複数対複数のゲームであり、囲碁より飛躍的に複雑性を増すeスポーツの『スタークラフト』ゲームにおける研究は、人間社会そのものを強化学習でシミュレーションしているようにも見えます。ゲーム以外のDeepMindの研究は謎に包まれたものが多く、現状はイギリスの医療データベースへの機械学習

●アルファ碁のドキュメンタリー映画『AlphaGo Movie』

https://espikes09.blogspot.com/2018/03/netflix-documentary-on-google-deepminds.html

の応用が発表されているくらいですが、今後も非常にイノベーティブなアウトプットが期待され、目が離せません。イギリスは、シリコンバレーほど企業による教育機関からの引き抜きが多くないため、オックスフォード大やケンブリッジ大を中心にアカデミアに優秀な研究者が残っているといわれています。

筆者が個人的に注目しているイギリスのスタートアップ企業としては、貸付審査AIの「OakNorth」、創薬AIの「BenevolentAI」、サイバーセキュリティの「DarkTrace」、AIハードウェアの「Graphcore」、画像認識エンジンを開発する「Blippar」などです。

フランス・パリにもテックベンチャーは多いです。マクロン大統領が国を挙げてのスタートアップ企業支援を表明しており、「Station F」という駅を改造した世界一大きなスタートアップ拠点があります。約3,000社のスタートアップ企業が入居しています。他にも富士通、Google、Facebookなどの大企業もパリに研究開発拠点を作っています。生活はフランス語なので言葉の問題はありますが、文化度が高く、美しい街並みと食文化に、パリから離れられなくなる人も多いそうです。

数あるスタートアップ企業の中でも、筆者は詐欺検知の「Shift Technology」、画像認識エンジンの「Prophesee」、AIを用いたマーケティング支援の「Tinyclues」、ソーシャルメディア分析を得意とする「Linkfluence」、バーチャルアシスタントの「Snips」などに注目しています。

ドイツでは、ベルリンのスタートアップ企業やベンチャー企業も活況です。特にシリコンバレーのスタートアップ企業の成功例をクローンして途上国に持ち込む「Rocket Internet」などが有名です。イギリスほど物価が高くなく、ドイツ人の真面目な国民性は日本とも相性が良いともよくいわれます。

面白そうなスタートアップ企業やベンチャー企業としてはパーソナライズ医療の「Ada Health GmbH」、マーケティングオートメーションのツールを提供する「arago GmbH」、個人の支出管理アプリ「Savedroid」、製造業AI・IoTに強みを持つ「KONUX」、デジタル保険の「wefox Group」などが挙げられます。

東南アジアのAI企業

東南アジアは、シンガポールやベトナムなどのエリアを含め、IT自体が浸透していない産業も多く、本格的AIブームはまだ来ていないといえます。

シンガポールでは金融のマーケットが大きいため、Fintechマーケットはあります。ただ、シンガポール自体は小国であり、東南アジア周辺国は総じてそもそもデータがない、ITが普及していない状況なので、AIビジネスが一般的になるまでにはまだしばらく時間がかかる印象です。

注目したいのはベトナムです。南北に細長い国ですが、日本と同じで資源を持たないため、国を挙げてソフトウェア人材を外貨獲得の輸出産業にしようと育成しています。平均年齢は30歳を切り、IT人材の宝庫です。ハノイ工科大、ホーチミン工科大ではAIエンジニア育成に力を入れており、164ページで紹介したcinnamonという日本のAIスタートアップ企業は現地に500人体制でAI人材を育成する計画で、数学オリンピックメダリストなど現地の天才を囲い込んでいます。

インドは人口が多いですが、英語が上手なので日本より単価の高いシリコンバレーから仕事を取ろうとします。それと比べて英語がそれほど得意でないベトナムはアメリカとのビジネスのつながりが比較的弱く、日本企業のリクエストにも真摯に答えてくれます。日本との時差も2時間しかなく、非常に真面目な国民性も日本人と相性が良いです。日本のIT業界でも、「アジアでエンジニアを雇うなら本命はベトナム」といわれており、オフショアの外注先としても日系のエボラブルアジアやフランジアなどの企業は数百名体制の開発拠点を持っており注目されています。1975年にベトナム戦争が終わり、日本から30年遅れでベビーブームが発生。国民の平均年齢は30歳であり、現地に行ってみると、キラキラした若者が多い、開発者向きの若い才能にあふれていると感じます。

●1975年に戦争が終わったベトナムは平均年齢が30歳を切りIT人材の宝庫

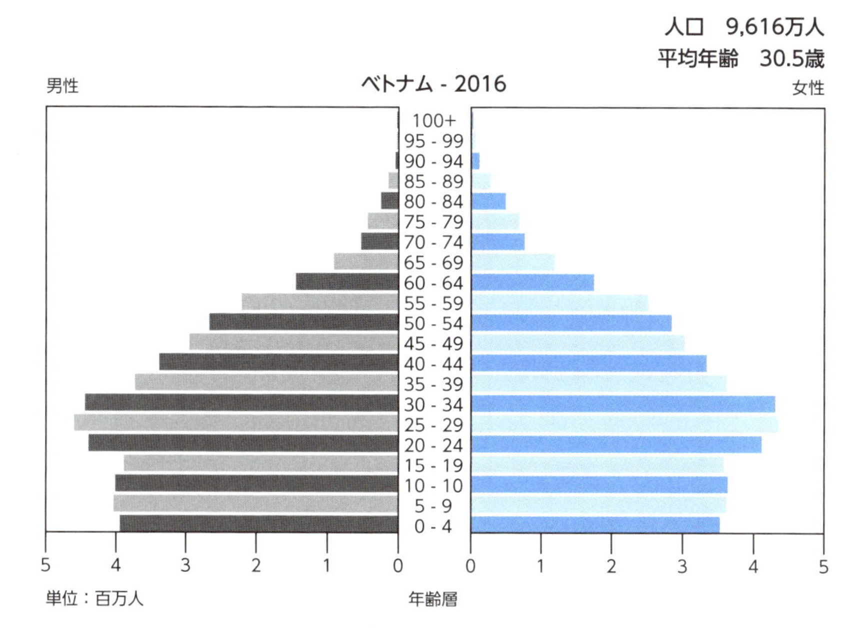

出典：CIA「THE WORLD FACTBOOK」
https://www.cia.gov/library/publications/the-world-factbook/graphics/population/VM_popgraph%202016.bmp

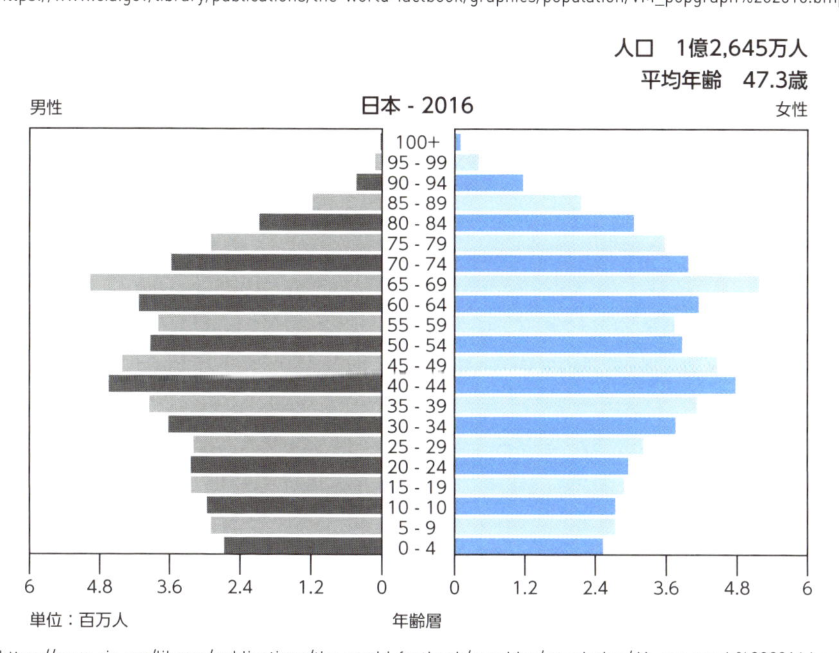

https://www.cia.gov/library/publications/the-world-factbook/graphics/population/JA_popgraph%202016.bmp

AI用語集

AIエンジニア

機械学習ライブラリを使ってAI数理モデルを構築し、精度が良くなるようにパラメータ調整やデータ前処理を行う職業。経験を必要とするデータサイエンティストよりはハードルが低いといわれ、外部からのキャリアチェンジでまず目指すべきAI系の職種。

C++

1983年発祥の汎用プログラミング言語のひとつ。日本語では略して「シープラプラ」、「シープラ」などとも呼ばれる。

Chainer（チェイナー）

日本のPreferred Networksが開発した機械学習・深層学習のライブラリ。定期的にChainerユーザーミートアップが行われている。

DMP

Data Management Platformの略称。主にデジタルマーケティングの目的で、データの収集と管理に使用されるテクノロジープラットフォーム。オンライン広告キャンペーンで特定のユーザーをターゲットにするために使用されるオーディエンスセグメントを生成できる。たとえば、Real-Time Biddingシステムのデータをグローバル販売プラットフォーム（DSP）にライセンス供与することで、データの整理と収益化に使用される。

Jupyter Notebook（ジュピター ノートブック）

ライブコード、方程式、視覚化、テキストを含むドキュメントを作成して共有できるオープンソースのWebアプリケーション。データの消去と変換、数値シミュレーション、統計モデリング、データの視覚化、機械学習などが含まれる。ブラウザ上で手軽にプログラミングできるので、エンジニアの間で人気がある。

Kaggle（カグル）

Googleが買収したデータ分析のコンペティションサイト。会員100万人以上。賞金付きコンペティションや、カーネル機能などでデータサイエンスのオープンイノベーションを加速させている。Kaggleでの実績は転職で有利に働く。

Python（パイソン）

汎用のプログラミング言語。コードがシンプルで扱いやすく設計されており、C言語などと比べて、さまざまなプログラムをわかりやすく、少ないコード行数で書けるといった特徴がある。TensorFlowなどデータ分析のためのライブラリが充実しており、世界的に人口が増えている。採用の需要も多く、スタンバイの統計で、Pythonエンジニアの平均年収が651万円で1位となった。

PyTorch（パイトーチ）

Facebookが作った機械学習ライブラリ。コミュニティが盛り上がっており、さまざまな要望や質問に対して細かく答えてくれるので、近年人気上昇中。

Qiita（キータ）

エンジニアのための技術ブログプラットフォーム。コメントやいいね!機能で、良い記事を書けばソーシャルメディア経由で有名になることもできる。機械学習関連のチュートリアルや分析記事も豊富。転職の際は、Qiitaの自分が書いた記事の一覧がポートフォリオとなり有利に働く。

R

オープンソース・フリーソフトウェアの統計解析向けのプログラミング言語およびその開発実行環境。ニュージーランドのオークランド大学メンバーとR Development Core Teamによってメンテナンスと拡張が行われている。

SAS

Statistical Analysis Systemの略称。データ分析、多変量解析、ビジネスインテリジェンス、データ管理、予測分析ができるSAS Instituteによって開発されたソフトウェア。1966年から1976年までノースカロライナ州立大学で開発された。

scikit-learn（サイキット・ラーン）

Pythonのオープンソース機械学習ライブラリ。サポートベクターマシン、ランダムフォレスト、Gradient Boosting、k近傍法、DBSCANなどを含むさまざまな分類、回帰、クラスタリングアルゴリズムを備えており、Pythonの数値計算ライブラリのNumPyとSciPyとやりとりするよう設計されている。

SPSS

Statistical Package for Social Scienceの略称。1968年発祥の統計解析ソフトウェア。IBM社による買収により現在はIBMブランドのIBM SPSS Statisticsとなっている。機能拡張用にR言語とPythonとSPSSとの接続モジュールをバンドルした。

SQL

関係データベース管理システム（RDBMS）において、データの操作や定義を行うためのデータベース言語（問い合わせ言語）、ドメイン固有言語である。エドガー・F・コッドによって考案された。

SVM（サポートベクターマシン）

教師あり学習を用いるパターン認識モデルのひとつ。分類や回帰へ適用できる。1963年に発表された。現在知られている手法の中でも認識性能が優れた学習モデルのひとつ。優れた認識性能を発揮することができる理由は、未学習データに対して高い識別性能を得るための工夫があるためである。

Tableau（タブロー）

スタンフォード大学の研究が基になったデータ可視化ツール。ニューヨークに上場している。有料のTableauソフトウェアと無料のTableauパブリックがある。BIツールの代表であり、きちんとマスターすればTableauコンサルとして独立できるともいわれる。

TensorFlow（テンソルフロー）

Googleが作った機械学習ライブラリ。世界シェアトップであり、使っている企業も非常に多いので、迷ったときはこれを習得するのがお勧め。定期的にユーザーミートアップが行われている。

XG Boost（勾配ブースティング）

弱い予測モデル（通常は決定木）のアンサンブルの形で予測モデルを生成する回帰および分類問題の機械学習技術。XG Boostはそのフレームワークを提供するオープンソース名。

アプリケーションエンジニア

Java、Ruby、C++など、アプリケーション構築に使われる言語を習得したエンジニア。

アルゴリズム

数学、コンピューティング、言語学、あるいは関連する分野において、問題を解くための手順を定式化した形で表現したものをいう。「問題」はその「解」を持っているが、アルゴリズムは正しくその解を得るための具体的手順および根拠を与える。

オープンデータ

基本的に著作権がなく、自由にAIモデル構築などに利用して良い公開データのこと。アメリカは国が主導してさまざまなオープンデータ化を進めている。オバマ政権は200億円の予算をかけて医療のオープンデータ化を進めた。日本政府は保守的であり、ユーザーや企業の許諾の問題でそこまで進んでおらず、業界発展のための課題となっている。

オッカムのカミソリ

本質的な部分以外は削ぎ落とし、短い表現で表したり課題をフォーカスしてプロジェクトを進めたりするときの考え方。統計モデルの良さの指標として、測定データをうまく説明しつつなるべく単純なモデルが是となるような基準が提案されている。

（Kaggleにおける）カーネル

Kaggle内で提供されるJupyter Notebookに近い環境で、ブラウザ上でPythonやRをコーディングでき、計算もそれとインテグレイトされたKaggle側のサーバーで走らせることができる。Kaggleではこのようなユーザーの分析結果が一般公開されており、

Voteシステムによって人気のあるカーネルが上位に上がり、フォーク機能によりそれを参照した他ユーザーがさらに分析を発展させるなど、オープンイノベーションの核となっている。

機械学習(Machine Learning)

AIの一分野。コンピュータがデータから反復的に学習し、そこに潜むパターンを見つけ出すこと。学習した結果を新たなデータに当てはめることで、パターンに従って予測や分類が可能になる。人手によるプログラミングで実装していたアルゴリズムを、大量のデータから自動的に構築可能になるため、応用分野が広がっている。深層学習は機械学習の一分野。

強化学習

ある環境内におけるエージェントが、現在の状態を観測し、取るべき行動を決定する問題を扱う機械学習の一種。エージェントは行動を選択することで環境から報酬を得る。強化学習は一連の行動を通じて報酬が最も多く得られるような方策（policy）を学習する。

教師あり学習

機械学習の手法のひとつ。事前に与えられたデータをいわば「例題（=先生からの助言）」とみなして、それをガイドに学習（=データへの何らかのフィッティング）を行うところからこの名がある。典型的なものとして分類問題と回帰問題がある。

教師なし学習

機械学習の手法のひとつ。「出力すべきもの」があらかじめ決まっていないという点で教師あり学習とは大きく異なる。データの背後に存在する本質的な構造を抽出するために用いられる。代表例として、クラスター分析と主成分分析（PCA）がある。

決定木

予測モデルであり、ある事項に対する観察結果から、その事項の目標値に関する結論を導く。内部節点は変数に対応し、子節点への枝はその変数の取り得る値を示す。葉（端点）は、根（root）からの経路によって表される変数値に対して、目的変数の予測値を表す。

次元削減

たとえば2次元（x , y）を1次元（z）に変換するなど、データの圧縮と可視化を目的として次元数を減らすこと。主成分分析（PCA）などが挙げられる。

自然言語処理

テキストデータを使用したAIの技術分野。自動翻訳、自動応答、文書分類などのテーマが多い。MeCabなどの辞書を使用。Googleの研究者が開発したWord2Vecもポピュラーである。

主成分分析(PCA)

Principal Component Analysisの略。相関のある多数の変数から相関のない少数で全体のバラつきを最もよく表す主成分と呼ばれる変数を合成する多変量解析の一手法。データの次元を削減するために用いられる。

人工知能(Artificial Intelligence)

コンピュータを使って人間の知能を再現しようとする仕組み全般の総称。とても広い意味であり、人工知能（AI）には機械学習が含まれ、機械学習には深層学習が含まれる。

深層学習(Deep Learning)

多層のニューラルネットワークによる機械学習手法である。2012年以降、ヒントンらによる多層ニューラルネットワークの学習の研究や、学習に必要な計算機の能力向上、およびWebの発達による訓練データ調達の容易化によって、十分学習させられるようになった。その結果、音声・画像・自然言語を対象とする問題に対し、他の手法を圧倒する高い性能を示し、一気に普及した。しかしながら、多層ニューラルネットが高い性能を示す要因の理論的な解明は進んでいない。

線形回帰

統計学において、Y が連続値のときにデータに Y = f(X) というモデルを当てはめること。別の言い方では、連続尺度の従属変数（目的変数）Yと独立変数（説明変数）Xの間にモデルを当てはめること。このうち線形のものを線形回帰という。Xが1次元ならば単回帰、Xが2次元以上ならば重回帰という。

畳み込みニューラル・ネットワーク

CNN（Convolutional Neural Network）ともいう。ディープラーニングの中でも代表的な、主に画像分類に使用されるニューラルネットワーク。たとえば3×3のピクセルを2×2に"畳み込んで"計算することからこう呼ばれている。

チャットボット

自然言語処理の応用例のひとつであり、人間のように自然な対話ができるようなユーザー体験の実装を目指している。実際はルールベースの部分も多く、Word2Vecなど類似文判定の仕組みを導入することがある。IBMのWatsonが有名。

データアナリスト

コーディングは少しだけで、主にBI（Business Intelligence）やTableauなどデータ可視化ツールで分析を行う職業。ビジネス職種の人がデータ分析系の職種を目指す場合、AIエンジニアよりもハードルが低く、現実的な選択肢になる。実際に文系職種社員教育用にTableauを配布する大企業も増えてきている。

データサイエンス／データ分析

データに関する研究を行う学問。使用される手法は多岐にわたり、分野として数学、統計学、計算機科学、情報工学、パターン認識、機械学習、データマイニング、データベース、可視化などと関係する。データサイエンスの応用としては、生物学、医学、工学、経済学、社会学、人文科学などが挙げられる。

データサイエンティスト

データ分析プロジェクトの要件定義・コーディングからプロマネまでやるコンサルタント。クライアントワークの場合、実際には要件が固まりきっていないことも多く、コンサルティングの需要は現場ではとても多い。オールラウンドに動けるデータサイエンティストは、現在最も需要があり、人材が足りない職種。独立する場合もデータサイエンティストが最も仕事が取りやすい。

統計

現象を調査することによって数量で把握すること、または、調査によって得られた数量データ（統計量）のこと。統計の性質を調べる学問は統計学。

特徴エンジニアリング

機械学習アルゴリズムを機能させる特徴を作成するために、データのドメイン知識を使用するプロセス。たとえば金融相場のデータであれば、下記のようなデータの取得に工夫を凝らし、機械学習モデルの精度をアップさせる。

- 価格（トレンドを除外した価格の振幅／流動性ショック発生前の最後のn回の価格指数の移動平均／流動性ショック発生前の最後のn回の間の価格増加）
- 流動性・スプレッド

特化型人工知能

特定のテーマに特化した問題解決ができるAIのこと。アルファ碁であれば碁のAI（深層強化学習）、CNNであれば画像分類のAI、Word2Vecであれば類似文判定の自然言語処理AIである。2018年現在ではこのような特化型AIを組み合わせて問題解決にあたることがほとんどである。

ニューラル・ネットワーク

脳機能に見られるいくつかの特性を計算機上のシミュレーションによって表現することを目指した数学モデル。研究の源流は生体の脳のモデル化であるが、神経科学の知見の改定などにより次第に脳モデルとは乖離が著しくなり、生物学や神経科学との区別のため、人工ニューラルネットワーク（ANN：Artificial Neural Network）とも呼ばれる。

バックエンドエンジニア

アプリケーションエンジニアとほぼ同じ意味。

パラメータ

機械学習の設定のうち、データから学習されないもの。アルゴリズムを使用する人が定義しなければならないもの。たとえば、SVMのカーネル、ニューラルネットワークのアーキテクチャと学習率、決定木のノードを分割するための基準、およびランダムフォレスト内のツリーの数など。

ハンズオン

書籍を読んで学習するなどの座学の対極で、プログラミングや議論を通じて学ぶなどより実務に近くアクティブな経験をすること。

汎用人工知能(AGI)

人間レベルの知能の実現を目指したもので、他のAIプロジェクトと区別するためにAGIと呼ばれている。短期間で人間の知能の複製はできないという見方もされているが、世界にはGoodAI、日本ではアラヤなど、AGIの開発にチャレンジする組織も出てきている。Team AIでも伊藤博之氏を中心に、独自の二元論に基づくAGI研究会を2017年よりスタートさせている。

ビッグデータ

一般的なデータ管理・処理ソフトウェアで扱うことが困難なほど巨大で複雑なデータの集合を表す用語。ビッグデータ業界は、2012年に第3次AIブームが始まる前からあった。一般的にはHadoop、Sparkなどの大規模データ処理基盤を使用して分析を行うのがビッグデータ周りの仕事で、イベントに行ってもビッグデータ業界とAI業界は微妙に違うのがわかる。

プロトタイプ

最小の工数と最小のデータで、最低限動くAIを構築すること。Proof of Conceptともいわれ、本格的なAI開発に入る前に、そもそも同テーマのアプローチが正しいのか検証する意味で、事前に構築する。通常2～3カ月の工数をかけて開発する。

前処理

データマイニングの過程における重要なステップ。「ガベッジイン、ガベッジアウト」という考えは、データマイニングや機械学習において特に適用可能であり、質の良いインプットデータとして整形しないと高い精度は望めない。

ライブラリ

数理モデルや複雑なコードを短い表現で呼び出せる便利なツール。GoogleのTensorFlow、FacebookのPyTorch、Preferred NetworksのChainerなどが有名。Pythonの人気が急に上昇している理由として、こういった生産性を上げるライブラリが一番充実しているという理由を挙げる人が多い。

ラベリング

たとえば犬の画像について、"Dog"というタグ情報を付けること。教師データの作成に必須であり、地道で長いマニュアル作業であるため、Amazonのメカニカルタークや専門業者に外注することも多い。

ランダムフォレスト

機械学習のアルゴリズム。分類、回帰、クラスタリングに用いられる。決定木を弱学習器とする集団学習アルゴリズムであり、この名称は、ランダムサンプリングされたトレーニングデータによって学習した多数の決定木を使用することによる。

ロジスティック回帰

線形回帰と似ているが、目的変数が2値のときに利用する。たとえば、この人は商品を購入するか否か、棒にあたるか否か、引っ越すか否か、転職するか否かなど。

著者紹介

石井 大輔 (いしい・だいすけ)

株式会社ジェニオ代表取締役。1975年岡山県生まれ。
京都大学総合人間学部で数学(線形代数)を専攻。1998年伊藤忠商事株式会社に入社し繊維カンパニーでポールスミスなどを担当。ロンドン、ミラノでの駐在を経て、2011年ジェニオを創業。
2015年、シリコンバレーの起業家育成組織OneTractionの指導の下、アメリカで事業推進。
2016年、人工知能(AI)に特化した人材エージェント＆受託開発のTeam AIを立ち上げる。Fintech、医療など産業別のデータ分析ハッカソンやAI研究会を毎週渋谷で開催し、会員5,000人の機械学習研究会コミュニティを形成。「人工知能業界著名人Twitter10選」(AI NOW)選出。その他、『AI共存ラジオ 好奇心家族』(TBSラジオ)にて、AIニュース解説役で毎週レギュラー出演するなど、メディア出演多数。

https://www.ishiid.com/
https://medium.com/@daisukeishii
E-mail：dai@jenio.co

機械学習研究会コミュニティ「Team AI」とは？

日本最大級の機械学習研究会コミュニティ。「AI論文研究会」「医療データハッカソン」をはじめ、曜日ごとに違うテーマでハイレベルな研究会を開催している。運営ミッションは「2020年に2兆円となるAI市場に必須な開発者の育成」。研究会だけでなく、キャリアコンサルタントによるアドバイスと転職支援も実施。ハイスキルな人材と良質な仕事の出会いの場としても定評がある。

http://www.team-ai.com/

株式会社ジェニオ(Jenio Inc.)概要

「100万人の機械学習研究会コミュニティを東京に創る」を目標に、2016年7月より機械学習研究会コミュニティ「Team AI」の運営を開始。国内に2万人程度しかいないといわれている機械学習エンジニア市場において、2018年8月現在、既に5,000名を超える機械学習研究会コミュニティを確立。曜日ごとに異なるテーマで研究会を実施し、そのすべてを無料で提供している。
研究会でスキルアップした後のキャリアアップ機会の提供として、機械学習・データ分析スキルに特化した人材エージェント(正社員・新卒・フリーランス)事業、機械学習・深層学習に特化したAI開発(自然言語処理・画像認識・動画認識・音声認識・時系列データ)事業を展開。

http://www.jenio.co/

編集協力　　　　　坂井 直美
装丁・本文デザイン　小口 翔平 ＋ 喜來 詩織（tobufune）
カバー画像　　　　Getty Images
DTP　　　　　　　株式会社 トップスタジオ

機械学習エンジニアになりたい人のための本
AI（エーアイ）を天職にする

2018年 10月 17日　初版第1刷発行
2019年　6月　5日　初版第3刷発行

著　者　石井（いしい） 大輔（だいすけ）
発行人　佐々木 幹夫
発行所　株式会社 翔泳社（https://www.shoeisha.co.jp）
印刷・製本　株式会社 加藤文明社印刷所

ISBN978-4-7981-5671-2　　　　Printed in Japan